LA CÉLULA

LA CÉLULA

Historia de su descubrimiento y avances en su estudio

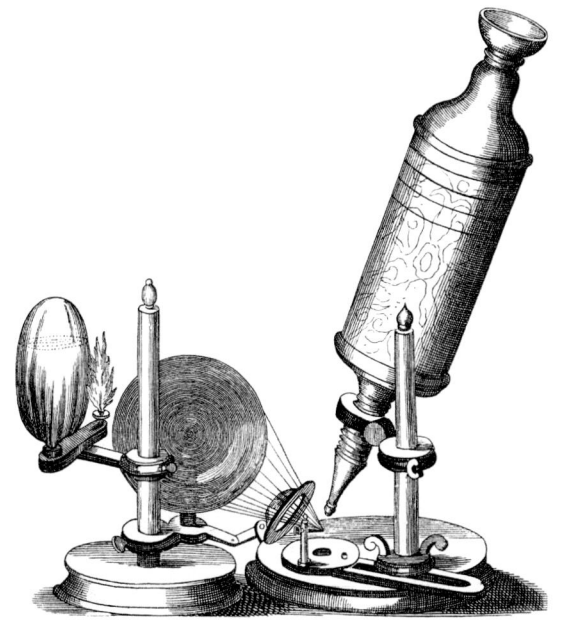

María Genoveva González Morán

Doctora en Biología

Editorial ACRIBIA, S.A.
ZARAGOZA (España)

LA CÉLULA
Historia de su descubrimiento y avances en su estudio
Autora: María Genoveva González Morán

Si bien este material se ha elaborado con el debido cuidado, Editorial Acribia no se hace responsable de su exactitud e integridad, ni de ninguna consecuencia derivada de cualquier error o del uso de la información contenida en esta publicación.

I.S.B.N.: 978-84-200-1338-1

www.editorialacribia.com

Depósito legal: Z-656-2025   Editorial ACRIBIA S.A. - Santuario de Cabañas, 5, Local - 50013 Zaragoza (España)

Imprime: PODIPRINT   2025

ÍNDICE DE CONTENIDO

Prólogo VII

Introducción IX

CAPÍTULO 1
PRECURSORES A LA TEORÍA CELULAR 1

1.1 Pionero en investigaciones microscópicas 1

1.2 Fundadores de la anatomía microscópica 4

1.3 Primer cazador de microbios 7

1.4 Descubrimiento de la presencia del núcleo en las células 10

1.5 Evidencias que demuestran que la célula
es la unidad básica de plantas y animales 11

CAPÍTULO 2
FUNDADORES DE LA TEORÍA CELULAR 13

2.1 Dos grandes científicos alemanes 13

2.2 Reconocimiento de la Teoría Celular 19

CAPÍTULO 3
COMPONENTES FUNDAMENTALES DE LA CÉLULA 21

3.1 Célula nucleada 21

3.2 Propuestas de la existencia de un líquido gelatinoso
del interior de la célula 21

3.3 Investigaciones y modelos que permitieron conocer
la estructura de la membrana plasmática 23

CAPÍTULO 4
VIRCHOW Y LA TEORÍA CELULAR DE LA ENFERMEDAD 27

4.1 Pionero en el desarrollo de la Patología
y la caracterización de las enfermedades por su origen celular 27

CAPÍTULO 5
DE LAS CIENCIAS NATURALES A LA CITOLOGÍA 31

5.1 Estudios de la Mitosis, Meiosis y cromosomas 33

5.2 Inicios en la investigación de ácidos nucleicos. 35

5.3 Progresos en la organización subcelular 37

5.4 Nacimiento de la Citología 38

CAPÍTULO 6
DE LA BIOLOGÍA CELULAR A LA BIOLOGÍA CELULAR Y MOLECULAR . . . 41

6.1 Desarrollo de los microscopios y de nuevas tecnologías 41

6.2 Avances en el desarrollo de técnicas de cultivos celulares 45

6.3 Relación de cromosomas y genes. 50

6.4 Avances en la estructura del DNA en el siglo XX 52

6.5 Experimentos que demuestran que el DNA
es la molécula responsable de la herencia 53

6.6 Investigaciones que permitieron conocer la estructura del DNA 60

6.7 Logros científicos y tecnológicos del siglo XX. 66

CAPÍTULO 7
BIOLOGÍA CELULAR Y MOLECULAR EN EL SIGLO XXI. 89

7.1 El genoma humano descifrado. 89

7.2 Inteligencia artificial y la Bioinformática. 91

CAPÍTULO 8
PREMIOS NOBEL DEL SIGLO XXI EN LAS ÁREAS DE QUÍMICA, FISIOLOGÍA Y MEDICINA. 95

CAPÍTULO 9
TEORÍA CELULAR ACTUAL. 167

Conclusiones 169

Bibliografía 171

PRÓLOGO

El conocimiento de las células es indispensable para saber cómo funcionan los organismos, los fenómenos principales de la vida ocurren en la célula, ya que se trata de la unidad primordial que permite que existan los seres vivos, es necesario conocerla en profundidad para entender cómo funciona la vida. Dentro de estas células se encuentran múltiples moléculas de diferente composición, función y estructura, siendo una compleja maquinaria interdependiente.

Aunque en la actualidad aceptamos que los seres vivos están formados por células, llegar a esta conclusión fue un largo y tortuoso camino como casi invariablemente sucede en todos los grandes descubrimientos. El hallazgo de la célula es la culminación de los esfuerzos de incontables investigadores que a menudo sin distinción ni recompensa, han trabajado durante muchos años.

El presente libro es el resumen histórico de los hechos que condujeron al descubrimiento de la célula en donde menciono algunos de los avances más importantes que contribuyeron al reconocimiento de esta y el desarrollo de la Biología Celular a la Biología Celular y Molecular. Se incluyen trescientos cincuenta nueve años (1665-2024) de historia.

El lector se percatará, de que el material en este libro constituye una pequeña parte de la información disponible en la aceleración progresiva de la Biología Celular y Molecular, escogiendo unos cuantos nombres como ejemplos de la historia del descubrimiento de la célula y su desarrollo y darnos cuenta en el progreso que los científicos han hecho para comprender a la célula y por lo tanto a los organismos vivos, no puede uno menos que quedar impresionado. Se incluyen descripciones de algunos experimentos importantes que fijaron definitivamente ciertos conceptos de Biología Celular, subrayando que esta depende de investigaciones para su progreso.

En este libro se pone en relieve la importancia del desarrollo de diversas técnicas y hallazgos que estudian a las células y su relación en la obtención de información que nos lleva a nuevos descubrimientos con el deseo de dar un reconocimiento merecido a aquellos investigadores que dedicaron su vida a la ciencia y que gracias a ellos se han podido tener los avances actuales sobre la importancia y conocimiento de la célula.

Espero que este libro dé una comprensión más clara del campo de la Biología Celular y Molecular y de su valor, entendiendo que la historia se toma como ejemplo para sostener que el avance de la ciencia está causado por la acumulación progresiva de nuevos conocimientos. Considero que es importante estudiar el pasado ya que *aprender historia* cultiva la curiosidad la cual ha impulsado al hombre a examinar el mundo que lo rodea y ayude a estimular la investigación en nuestros estudiantes para descubrimientos futuros. Siempre hay que recordar que todo gran avance de la ciencia es el resultado de una nueva audacia de la imaginación y la curiosidad que han impulsado al hombre a examinar el Mundo que nos rodea.

INTRODUCCIÓN

En la actualidad aceptamos que los seres vivos están formados por células, pero llegar a esta conclusión fue un largo camino. Las pruebas de la existencia y de la naturaleza de la célula fueron acumulándose a lo largo de casi dos siglos. Pero se tuvo que llegar a 1838 para que dos sabios alemanes, Mathias Jacob Schleiden y Theodor Schwann, los llevaran a un punto tal que era forzoso aceptar la existencia de una nueva unidad en lo vivo.

Aunque la teoría celular se atribuye a Schleiden y Schwann, en realidad fue el resultado del trabajo desarrollado por varios investigadores durante muchos años.

En el siglo XVI no existían medios para profundizar más allá de las estructuras que revelaba el escalpelo. El tamaño de la mayoría de las células está por debajo del poder de resolución del ojo humano, por lo que su existencia permaneció inadvertida hasta que se desarrollaron instrumentos ópticos como el microscopio, capaces de aumentar el tamaño de las imágenes de los objetos observados, el inicio del estudio de la célula puede asociarse a la invención de las lentes y los microscopios, que permitieron a los primeros científicos ampliar la materia viva y observar los detalles que son imperceptibles a simple vista.

Este libro pretende abordar el proceso histórico del descubrimiento de la célula mencionando algunos de los avances más importantes que contribuyeron al reconocimiento de la célula y al desarrollo de la Biología Celular a la Biología Celular y Molecular. Con este material histórico intento esclarecer con ejemplos el largo y tortuoso camino que precede, casi invariablemente los grandes descubrimientos.

PRECURSORES A LA TEORÍA CELULAR 1

1.1. PIONERO EN INVESTIGACIONES MICROSCÓPICAS

Se atribuye a Robert Hooke (1635-1703) el mérito de haber proporcionado la primera información utilizando un microscopio compuesto. Hooke nació en 1635 en la isla Wight, frente a la costa meridional de Inglaterra. Fue un niño sensible y enfermizo que no podía correr ni jugar con los otros pequeños. Confinado a su hogar, desarrolló su mente inventiva haciendo toda clase de juguetes mecánicos como relojes de sol, molinos de agua y barcos. Tenía dieciocho años cuando ingresó en Oxford. Su aplicación en los estudios y su genio científico incipiente atrajeron pronto la atención de uno de sus maestros, Robert Boyle, quien le dio el puesto de ayudante de laboratorio para que lo auxiliara en sus experimentos. Boyle demostró su estimación por Hooke, recomendándolo para el puesto de encargado de experimentos de la Sociedad Real. Es innegable su capacidad inventiva y originalidad. En 1662, cuando se establece la Royal Society, Hooke utiliza un microscopio que consistía en una lente convexa unida a un cilindro ornamentado con apliques de marquetería. Para iluminar el objeto que se examinaba se empleaba una vela, cuya luz se concentraba por medio de un reflector y de una pequeña lente planoconvexa (Figura 1).

Hooke enfocó su vela sobre los pelos urticantes de la ortiga, sobre la cabeza de la mosca, sobre un mosquito y centenares de otros objetos. Entre ellos estaba el corcho, un material notable por tapar tan bien las botellas y totalmente ineficaz para chupar agua y embeberse en ella. Hooke describe la textura de un corte de corcho visto en su microscopio compuesto y nos dice que es semejante a la de un panal de abejas, compuesto por numerosas y diminutas cavidades a las que llamó células o celdillas (*cellulae*). Recordemos que la palabra *cella* en latín, significa pequeño cuarto (las celdas de los monjes). También en latín se aplica la palabra a las celdillas que componen un panal de abejas, y de ahí la analogía de Hooke. En realidad, lo que este microscopista

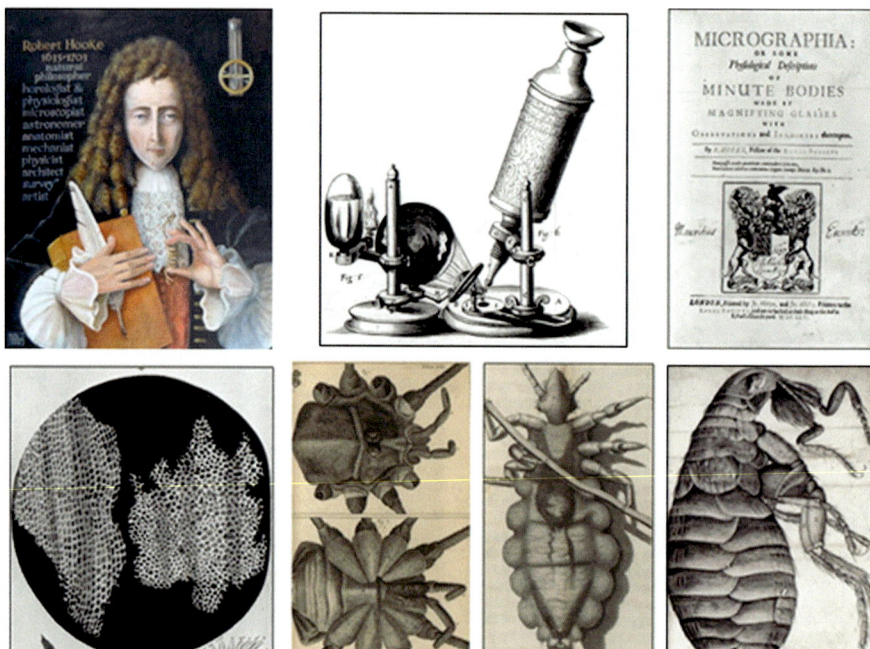

Figura 1. Pintura de Hooke por la artista Prita Greer, el microscopio que utilizó, su libro *Micrographia* y algunas imágenes que aparecen en su libro.*

observó fueron los espacios vacíos que ocupaban las células en el tejido vivo, y que se habían preservado en el corte de corcho. Hooke se inclinó sobre su panal de celdillas o células. Con mano hábil las dibujó desde dos puntos de vista diferentes: uno, mostrando una construcción de pequeños compartimentos cuadrados, las recién llamadas células, y otro, mirándolas por encima, de forma que las cavidades parecían redondeadas y no era perceptible su ordenación en filas y series. Puso sus dibujos uno junto a otro, designó el primero con una A y el segundo con una B, y para lograr un mayor efecto, dispuso los esquemas sobre un fondo circular negro (Figura 1).

Hooke encontró que otros materiales vegetales tienen la misma estructura en compartimentos, y en algunos de ellos, las células eran incluso más pequeñas que en el corcho. En 1665 Hooke publica en Londres su obra: *Micrographia or some physiological descriptions of minute bodies made by magnifying*

* Fuentes: <https://commons.wikimedia.org/wiki/File:Robert_Hooke,_Micrographia,_flea_Wellcome_L0043503.jpg>, <Autor Rita Greer: https://commons.wikimedia.org/wiki/File:Memorial_portrait_of_Robert_Hooke_with_a_barometer.jpg>, <https://commons.wikimedia.org/wiki/File:Robert_Hooke,_Micrographia,_detail;_microscope_Wellcome_M0005217.jpg>

glasses (Figura 1). *Micrographia* es la primera publicación importante de la Royal Society de Londres (*Royal Society of London for Improving Natural Knowledge*) y también se convirtió, por méritos propios, en el primer «bestseller» científico de la Historia, creando un gran interés en el público en la nueva disciplina de la Microscopía. Desde luego, se trata de uno de los primeros libros de «divulgación científica». Uno de sus mayores atractivos era que mostraba una nueva visión desconocida y fascinante de objetos de la vida cotidiana, de los que todo el mundo creía saberlo todo, pero cuya forma cambiaba radicalmente al ser observados a través de los aumentos del microscopio. Por ejemplo, la pulga (la imagen más reproducida de la *Micrographia* de Hooke) o el ojo de una mosca se convertían en grandes monstruos a través del microscopio. Todas esas imágenes tan «extrañas» y «desconcertantes» resultaban a la vez fascinantes para la población de la época.

Robert Hooke defendió en su *Micrographia* la importancia de la observación y experimentación en la investigación científica de la naturaleza. En aquella época la escuela empirista inglesa, en contraste con la escuela francesa, se caracterizaba por su énfasis en la observación y el experimento. Hooke incluye también en su libro comentarios y conjeturas acerca de impresionantes observaciones biológicas microscópicas de especímenes que van desde las plantas hasta las pulgas. La obra también trata de planetas, de la teoría ondulatoria de la luz y del origen de los fósiles.

Es evidente que estimuló a los científicos de la época sobre las posibilidades del microscopio en la investigación científica.

El libro contiene la descripción detallada de cincuenta y siete observaciones realizadas con el microscopio compuesto que el propio Hooke fabricó, y tres observaciones telescópicas. Fue recibida con entusiasmo por parte de la comunidad científica europea.

En su *Micrographia*, Robert Hooke declara:

> «*By the help of Microscopes, there is nothing so small, as to escape our inquiring; hence there is a new visable World discovered to the understanding.*» (*Con la ayuda de los microscopios, no hay nada tan pequeño que escape a nuestras indagaciones; de ahí que haya un nuevo mundo visible descubierto para nuestra compresión*).

La obra recoge observaciones de todo tipo de objetos cotidianos, estudiados de manera no sistemática, y ordenados según un criterio de complejidad creciente, desde los objetos más simples a los más complejos.

- Observaciones sobre objetos artificiales.
- Observaciones sobre elementos inertes, destacando las descripciones del hielo y la nieve.

- Observaciones del mundo vegetal como la descripción del corcho, los fósiles y el carbón vegetal.

- Observaciones sobre el reino animal con 26 descripciones de animales y partes de animales, como las pulgas o el ojo compuesto de la mosca.

- Tres observaciones telescópicas.

- Observaciones clínicas en los animales.

- Observaciones sobre lo que Hooke denomina el «reino de los hongos», entre los que se encuentran los mohos, las levaduras y las setas.

Hooke no tenía más que 29 años, pero su reputación estaba ya cimentada. Y también se había establecido la noción de la célula. Se sabía que en los cuerpos orgánicos había una subdivisión en células o pequeños compartimentos.

Es claro que Hooke utilizó el vocablo «célula» en un sentido totalmente distinto al que adquiriría 150 años más tarde. Por ello decir que Hooke fue el descubridor de las células es erróneo si a la palabra «célula» se le asigna el sentido que adquiere a partir de Schwann (1839). La contribución de Hooke a la biología debe verse más en términos de que estableció nuevas pautas y abrió nuevos caminos de búsqueda en cuanto al significado de la organización de los tejidos de seres vivos a escala microscópica.

1.2. FUNDADORES DE LA ANATOMÍA MICROSCÓPICA

Otras personas de temperamento científico y curioso se fueron interesando por el microscopio, que permitía al hombre ver cosas que antes habían permanecido como enterradas ante sus ojos. También en el campo de la botánica microscópica, trazaron el camino el británico, Nehmiah Grew (1641-1712) y el italiano Marcello Malpighi (1628-1694).

Grew, estudia en Cambrige y posteriormente en Leiden, pero regresa a Londres, donde se establece como médico en 1672. Poco tiempo después fue elegido secretario de la Sociedad Real en 1677. Publica varios trabajos y su obra más importante es intitulada: *The Anatomy of Plants*, aparecida en Londres en 1682, en la que sienta las bases de la histología vegetal (Figura 2). Grew describió la existencia de «vesículas» o «vejigas» en la estructura vegetal, pero sin utilizar la palabra «célula».

Su obra *The Anatomy of Plants* estaba dividida en cuatro volúmenes: *Anatomy of Vegetables begun*, *Anatomy of Roots*, *Anatomy of Trunks* y *Anatomy of Leaves, Flowers, Fruits and Seeds*, ilustrada con 82 láminas y acompañada de siete documentos en su mayoría sobre química. La obra destaca especialmente por sus descripciones sobre la estructura de las plantas, además identifica casi todas las diferencias clave de la morfología del tallo y la raíz. Por otra parte,

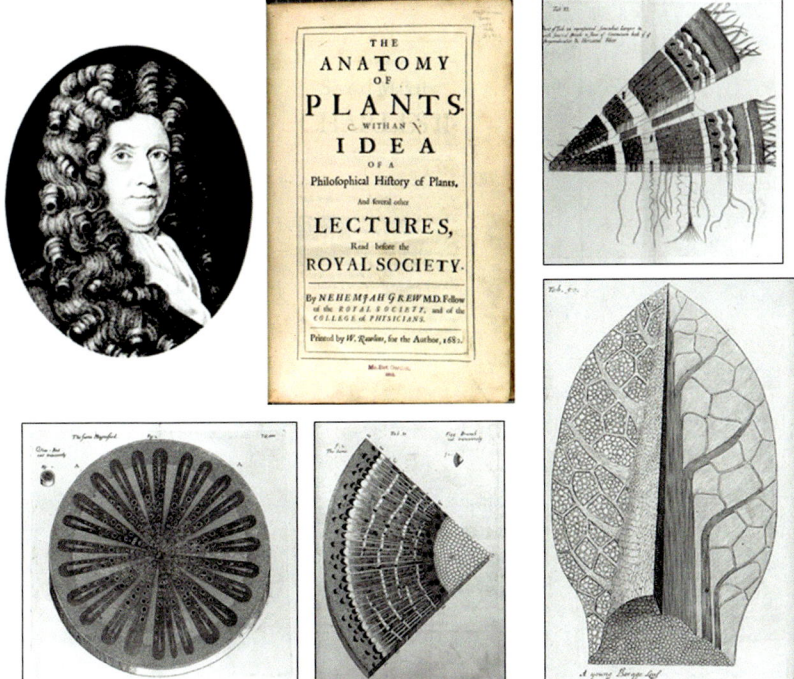

Figura 2. Nehmiah Grew, su libro *The Anatomy of Plants*, y algunas imágenes que aparecen en su libro.*

demostró que las flores de *Asteraceae* están constituidas por múltiples unidades y dedujo correctamente que los estambres son órganos masculinos. Esta obra contiene también la primera descripción microscópica del polen.

Marcello Malpighi nace en Crevalcuore, cerca de Bolonia en 1628. Sus contribuciones a la Biología en general y a la medicina en particular son impresionantes en número y calidad. Juan Borelli le enseñó a pulir lentes y a usarlos para observar maravillas de la naturaleza que nunca antes observaron los ojos del hombre. Observó por primera vez los alveolos con sus paredes membranosas, descubrió los capilares de la sangre y la existencia de los corpúsculos sanguíneos y describió por primera vez los aparatos respiratorios, nervioso, digestivo y excretorio de un insecto, así como el conducto alimenticio y los diminutos órganos excretorios que los entomólogos llaman

* Fuentes: <https://commons.wikimedia.org/wiki/File:N._Grew,_Cross-section_of_vine_roots,_The_anatomy_of_plants_Wellcome_L0016381.jpg>, <https://commons.wikimedia.org/wiki/File:Nehemiah_Grew._Engraving._Wellcome_V0002415.jpg>.

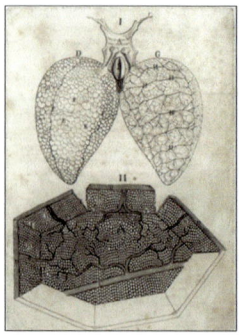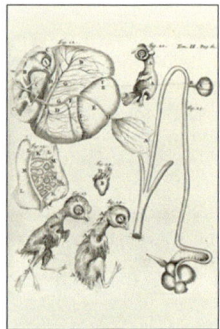

Figura 3. Marcelo Malpighi, su libro *Anatome Plantarum* y algunos de sus dibujos: Capilares pulmonares y alvéolos y diversas etapas del desarrollo del embrión de pollo.*

tubos de Malpighi (Figura 3). La Sociedad Real le publicó una serie de artículos científicos, que contenían el análisis de notables descripciones de la piel, los órganos gustativos de la lengua, el hígado, los conductos fibrosos de la médula espinal, la materia gris del cerebro, varias estructuras, como, por ejemplo, la capa de Malpighi del riñón y el bazo, que llevan todavía el nombre de este hábil científico, al que se conoce como fundador de la anatomía microscópica.

En cuanto a su contribución al conocimiento de las células vegetales sabemos que, como sus contemporáneos británicos, Malpighi vio en su microscopio la estructura celular de las plantas. Los pequeños cortes de hojas colocados bajo el microscopio revelaron una disposición de agregados de pequeñas unidades, que Malpighi llamó «utrículos». Esta descripción de las células vegetales se adelantó casi dos siglos a la exposición que hizo Schleiden de la teoría celular. Malpighi advirtió también por primera vez los estomas o poros en la epidermis de las hojas, a través de las cuales se produce el intercambio de gases en el proceso de la respiración y la fotosíntesis de la planta. Se combinaron muchas otras observaciones para hacer su tesis, sobre la anatomía de las plantas, un hito en la ciencia de la botánica.

Malpighi aspiró a conocer la estructura de la materia viviente; por eso estudió la textura de las plantas, de los animales y del hombre.

---

* Fuentes: <https://commons.wikimedia.org/wiki/File:Marcello_Malpighi._Oil_painting._Wellcome_V0017987.jpg>, Autor Marcello Malpighi (1628-1694): <https://commons.wikimedia.org/wiki/File:Anatome_Plantarum.jpg>, <https://commons.wikimedia.org/wiki/File:Illustration_of_the_lungs_of_a_frog_Wellcome_L0000102.jpg>, <https://commons.wikimedia.org/wiki/File:M._Malpighi,_%22Formatione_pulli...%22,_1687_Wellcome_L0000171.jpg>.

1.3. PRIMER CAZADOR DE MICROBIOS

En 1673, ocho años después de la publicación de la *Micrograhia* de Hooke, la Sociedad Real recibió una carta de uno de sus corresponsales holandeses, Reinier De Graaf, «Escribo para comunicarles que una persona ingeniosísima de aquí, llamada Leeuwenhoek, ha diseñado un microscopio que supera en mucho a todo lo que hasta ahora se ha visto…».

La Sociedad-Real quedó tan impresionada de las observaciones microscópicas de Leeuwenhoek que lo invitó a enviar una reseña de las observaciones que fuera haciendo en lo sucesivo. Anton Van Leeuwenhoek no había sido educado para esta clase de actividad científica, ni estaba preparado para correspondencia tan formal. No era más que un vendedor de telas de lana.

Anton Van Leeuwenhoek (1632-1723), nació en Delft, Holanda, en 1632; fue aprendiz en un negocio de lencería de Amsterdam y luego volvió a Delft para abrir su propia tienda. Debido a que una de sus funciones consistía en examinar las telas con una lente, aprendió los rudimentos del pulimento de las lentes e ideó su propia técnica para montarlas en marcos metálicos, sus lentes superaron a las lentes comerciales, y vio sus telas ampliadas en grado notable.

Cuando se aburrió de examinar las telas, usó sus lentes para observar otras cosas y anotar sus observaciones. Leeuwenhoek no sabía latín, que era la única forma correcta de dirigirse a la Sociedad Real de Londres, sin embargo, envió algunos de sus dibujos de la abeja explicando, que sus observaciones son fruto de su curiosidad y que lo disculparan por la libertad de registrar mis nociones un tanto al azar.

Leeuwenhoek paseaba por las orillas de una laguna cerca de Delft, cuando se dio cuenta de una especie de nubes verdes en el agua, recogió una pequeña cantidad de la sustancia verde viscosa y la monto bajo su microscopio, descubriendo los animálculos, vio millares de pequeños animales en movimiento, que nadaban y tropezaban unos con otros. Distinguió diferentes tipos de animálculos, llenó cuadernos de notas con observaciones sobre las colas, los cuernos y las patas de aquellas criaturas mil veces más pequeñas que el más diminuto de los insectos que podía percibirse a simple vista. Leeuwenhoek contemplaba, sin dar crédito a sus ojos, los primeros animales unicelulares que más tarde se iban a clasificar en el tipo de protozoos. Leeuwenhoek no era un hombre dado a la especulación, pero se planteó algunas preguntas fundamentales. ¿Venían los animálculos del cielo, junto con la lluvia?

El 26 de mayo de 1676 cayó sobre Delft un tremendo aguacero. Leeuwenhoek lo aprovechó para tomar un vaso limpio y recoger agua que escurría por su tejado. Se apresuró a colocar una gota de esta agua bajo el microscopio y observó animálculos en ella, y Leeuwenhoek, pensándolo mejor, supuso que podían proceder de los canales de plomo del tejado.

Seguía lloviendo, y el cuidadoso holandés, intentó recoger agua pura de lluvia, colocando en su patio un gran plato de porcelana sobre la parte superior de un cubo de madera que tenía unos cuarenta y cinco centímetros de altura. De esa manera, esperaba evitar impurezas en el líquido. Esta vez no encontró animálculos. Leeuwenhoek siguió estudiando la misma agua de lluvia dos veces al día hasta que, cuatro días después, vio que los diminutos animálculos nadaban como solían hacerlo. Llegó a la conclusión que los animálculos eran transportados por el polvo y el viento y no llovían del firmamento.

Los animálculos siguieron asombrando a Leeuwenhoek. Los encontraba en todas partes, inclusive en las raspaduras de sus propios dientes y en los granos remojados de pimienta. En los cuales observaba «animales» nunca antes vistos. Entre ellos se encontraban una especie de tubitos delgadísimos. Leeuwenhoek estaba mirando nada menos que bacterias, aunque no sabía ni sospechaba que contemplaba por vez primera los invisibles seres que tanto pueden causar al hombre indecibles daños como reportarle considerables bienes.

Tenía que enviar a la Sociedad Real de Londres un informe completo de este mundo que acababa de ser descubierto y de todas sus maravillas y envió a Londres diecisiete páginas en folio con su trabajo.

Su efecto fue sensacional. ¡En unas cuantas gotas de agua tantos animales como los que se podían ver sobre toda la tierra!, la Sociedad Real estaba desconcertada. Hooke, ejercía el cargo de secretario de la Sociedad, fue encargado de intentar ver por sí mismo el mundo microscópico y confirmar de este modo los fantásticos informes que se recibían de Holanda. Hooke confirmó el descubrimiento de las bacterias y de los protozoos por Leeuwenhoek; pero ninguno de los dos interpretaba aquellas multitudes de animálculos en los términos del vocabulario que se desarrollaría más tarde. En 1680 Leeuwenhoek fue elegido miembro por unanimidad de la Sociedad Real de Londres. Leeuwenhoek aceptó, agradecido y prometiendo que correspondería a tan «singular favor» procurando con todo su esfuerzo y durante toda su vida hacerse digno de tal honor y privilegio.

La noticia de las maravillas que el tendero holandés estaba descubriendo se propagó por todo el mundo, y Leeuwenhoek se vio asediado por visitantes que querían contemplar los diminutos y fabulosos animales. El rey y la reina de Inglaterra fueron a Delft lo mismo que el emperador de Alemania Pedro el Grande, zar de Rusia, en su visita a Holanda, en 1689, navegó por el canal hasta Delft para ver por sí mismo las maravillas.

Leeuwenhoek mantuvo fielmente su promesa de continuar sirviendo a la Sociedad Real durante toda su vida. En 1723, a los 91 años, postrado en su lecho de muerte, su última voluntad fue pedir a un amigo que tradujera al latín sus dos últimas cartas y las enviara luego a la Sociedad.

Cuando Leeuwenhoek murió, no había nadie que pudiera sucederle. Nunca dio a conocer los detalles de construcción de sus microscopios. Consistían en una cuenta esférica de vidrio pulido, sujeta en una placa metálica, a la cual se adhiere un puntero ajustable, en cuyo extremo se fijaba el espécimen. El ojo te-

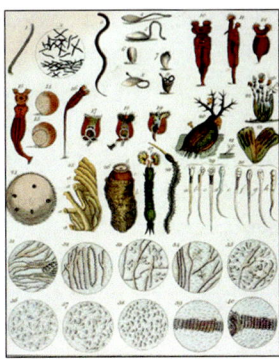
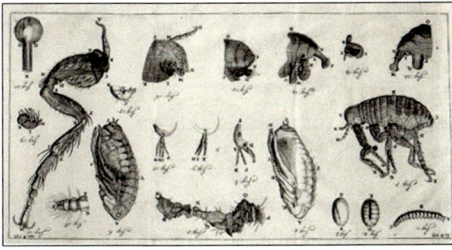
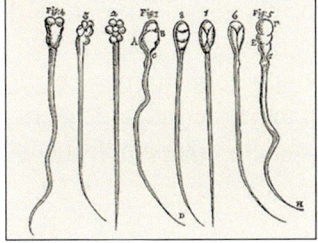

Figura 4. Antonie Van Leeuwenhoek, su microscopio, algunos de los «animalículos», el desarrollo de la pulga y espermatozoides que observó.*

nía que acercarse al orificio de la placa donde se encontraba la lente y el puntero se movía por medio de tornillos hasta lograr una imagen clara del espécimen (Figura 4). El aparato es de manejo delicado y requiere muy buena iluminación, preferentemente luz solar, para llevar a cabo las observaciones a las amplificaciones tan altas que usó Leeuwenhoek. Construyó por sí mismo a lo largo de su vida, más de 400 microscopios. En el museo de Leiden en donde se encuentran algunos de los microscopios de Leeuwenhoek, se han realizado numerosos estudios sobre las características ópticas y mecánicas de estos instrumentos y se ha encontrado que la lente más eficaz tenía un diámetro de 1,5 mm con una distancia focal de 1 mm, lo que corresponde a una ampliación de 250 diámetros. Las observaciones que Leeuwenhoek pudo hacer con estas lentes fueron rara vez repetidas durante el siglo XVIII y sus dibujos no pudieron ser superados en

---

* Fuentes: Artista: Jan Verkojie. (1632-1723) Portrait of Antonie van Leeuwenhoek <https://commons.wikimedia.org/wiki/File:Oil_painting;_portrait_of_A.V._Leeuwenhoek_Wellcome_M000125.>, Autor Jeroen Rouwkema: <https://commons.wikimedia.org/wiki/File:Leeuwenhoek_Microscope.png>, Autor Daniel Dodd: <https://commons.wikimedia.org/wiki/File:Animalcules_observed_by_anton_van_leeuwenhoek_c1795_1228575.jpg>, <https://commons.wikimedia.org/wiki/File:The_development_of_the_flea_from_egg_to_adult_Wellcome_M0016633.jpg>, Autor Benedict Wydooghe: <https://commons.wikimedia.org/wiki/File:Tekening-spermacellen.jpg>.

calidad hasta bien entrado el siglo XIX. La mejor de las lentes que se conservan tiene un poder de resolución de 1 μm. Leeuwenhoek fue sumamente celoso con sus métodos de observación, así como los de fabricación de las lentes. Sabemos que la Royal Society le solicitó que diera detalles de construcción de sus lentes, pero el holandés hizo caso omiso de tales invitaciones.

De todos los microscopistas clásicos el que probablemente haya alcanzado mayor fama entre sus contemporáneos fue Anton Van Leeuwenhoek, a quien la historia de la biología otorga, entre otros títulos, el de «padre de la biología y de la protozoología», fue el primer humano que vio los infusorios, las bacterias y los espermatozoides (Figura 4).

Cuando Leeuwenhoek murió, no había nadie que pudiera sucederle. Sus procedimientos «secretos» de examinar tal variedad de materiales murieron con él, pues a nadie reveló sus procedimientos. Se cree que la base de su método consistía en usar iluminación sobre fondo oscuro, lo cierto es que durante los ciento cincuenta años siguientes no apareció ningún «cazador» de microbios comparable a nuestro holandés.

1.4. DESCUBRIMIENTO DE LA PRESENCIA DEL NÚCLEO EN LAS CÉLULAS

Posteriormente el científico inglés Robert Brown (1773-1858) médico que abandonó la práctica de su profesión para dedicarse a la botánica, disciplina de la cual se convirtió en un referente durante su tiempo gracias al descubrimiento y recolección de más de mil especies florales australianas.

En 1827 mientras observaba al microscopio una suspensión de granos de polen de la planta *Clarkia pulchella,* Brown descubrió que estos se movían al azar, cambiando frecuentemente de dirección. Pensó que podía ser explicado por la fuerza vital.

Pero al estudiar las partículas colorantes (sin duda desprovistas de vida) igualmente suspendidas en agua observó el mismo movimiento errático. Intentó averiguar la causa de esos movimientos, sin éxito.

No eran debidos a la fuerza vital, pero tampoco consecuencia de la vibración, la acción del calor o por influencias eléctricas o magnéticas. Las partículas no podían moverse por voluntad propia si no había alguna influencia externa. Pero se movían.

Publicó sus observaciones en el opúsculo *Breve información de mis observaciones microscópicas,* pero sin ofrecer hipótesis alguna para explicar ese fenómeno.

Años más tarde se descubrió que el movimiento aleatorio de las partículas, llamado browniano en su honor, se debe a que su superficie es bombardeada incesantemente por los átomos y moléculas del fluido sometidos a una agitación térmica.

Pero había algo más. Cada célula de la epidermis de las orquídeas contenía una pequeña mancha circular. Brown, de temperamento metódico, trató de ver si las manchitas aparecían también en las otras células de las orquídeas. Pues sí, allí estaban. Las descubrió tanto en las células glandulares como en el polen y, además, en las células de otras plantas. En la mayor parte de los casos, la manchita era claramente perceptible.

Brown dio el nombre de *aréola o núcleo* a la pequeña mancha «opaca» y hasta quizá sus funciones (Figura 5). Sin embargo, Brown no deseaba ir más allá de los límites de la observación exacta. No quería teorizar.

El libro de Brown *Observations on the organs and mode of fecundation in Oichidaeae and Asclepiadeae,* publicado en 1833, trae el descubrimiento del núcleo de las células. Pero aquí acaba. Brown lo había encontrado; pero no supo llegar más allá.

1.5. EVIDENCIAS QUE DEMUESTRAN QUE LA CÉLULA ES LA UNIDAD BÁSICA DE PLANTAS Y ANIMALES

Hacia el mismo tiempo, poco más o menos, y en Francia, otro médico que había abandonado la medicina por la botánica se interesó por el estudio de la célula. Henri Dutrochet (1776-1847) inició sus trabajos investigando la *Mimosa pudica.* Observó que, al deslizar su dedo a lo largo del pecíolo de la sensitiva, los folíolos se aproximaban unos a otros, comparables a los dedos de una mano que se cierra. Dutrochet deseaba saber por qué el mero tacto producía una reacción tan notable en la planta.

Arrancó un poco de médula de la planta y la observó al microscopio. Lo mismo que las otras plantas, estaba formada enteramente por células. Las células tenían forma hexagonal y estaban dispuestas en filas longitudinales, trazando un bello motivo de dibujo (Figura 5).

Dutrochet ensayó una docena de recursos para disgregar el tejido celular. El problema no era tanto la delgadez de las membranas como la firmeza con que estaban adheridas unas con otras. Quizás algún ácido resolvería su problema.

Dutrochet colocó un trocito de tejido en un tubo de ácido nítrico y lo sumergió en agua hirviente. El experimento tuvo una eficacia mágica. Las células se separaron rápidamente, aunque era preciso obrar con cuidado. Pues cuando el tratamiento se prolongaba excesivamente, las células se destruían.

Cuando las células estaban separadas, era fácil apresar una de ellas, ponerla en una gota de agua y colocarla bajo el microscopio. Dutrochet observó que cada célula tenía pared propia y completa, y cuando dos células estaban juntas, las separaba una doble pared.

Dutrochet aplicó sus métodos a otros tejidos vegetales y a tejidos animales. A veces las células estaban unidas formando largas filas; pero en todos los

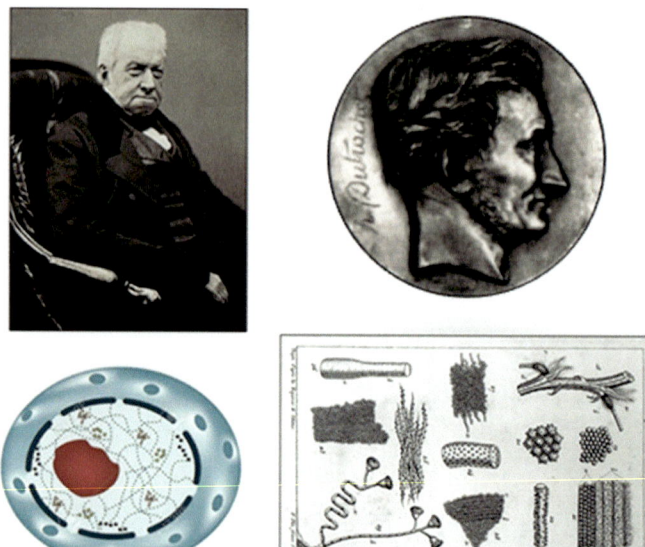

Figura 5. Robert Brown y su núcleo. Perfil de Henri Dutrochet y sus dibujos de células vegetales.*

casos, si podían separarse, cada una era más o menos globular y estaba revestida por su propia membrana. Estas observaciones de Dutrochet se recogen en su libro *Recherches anatomiques et physiologiques sur la structure inteme des animaux et des végétaux et sur leur motilité*, que fue publicado en 1824, demostrando la individualidad anatómica de la célula y enfatiza el papel de la célula como unidad básica de la estructura de plantas y animales, lo que une los dos reinos en cuanto a su estructura íntima.

Dutrochet también creó el término de ósmosis para designar la transferencia de materiales entre una célula y lo que la rodea. Aunque hoy se restringe su uso para referirse exclusivamente al paso del agua hacia la célula y desde ella, Dutrochet fue el primero en entender el principio de este intercambio. Pocos se enteraron de tan significativo descubrimiento o reconocieron el mérito que por el mismo correspondía a Dutrochet.

Después de Dutrochet muchos otros investigadores confirman que las células pueden disociarse y vivir aisladamente. Entre tales autores destacan los botánicos P. J. P. Turpin y Franz Meyen.

---

* Fuentes: Photograph by Maull & Polyblank. <https://commons.wikimedia.org/wiki/File:Robert_Brown._Photograph_by_Maull_%26_Polyblank._Wellcome_V0026079.jpg>, <https://commons.wikimedia.org/wiki/File:Dutrochet,_Recherches_Anatomiques,_1824_Wellcome_L0016380.jpg>, Autor David d'Angers: <https://commons.wikimedia.org/wiki/File:Henri_Dutrochet.jpg>.

FUNDADORES DE LA TEORÍA CELULAR

2

Desde el descubrimiento de las células en el corcho por Hooke en 1665, las células habían sido reconocidas en gran variedad de tejidos animales y vegetales, así como en células aisladas. Se había descubierto el núcleo, y Dutrochet había tenido la intuición de que la célula era la pieza fundamental, y así lo había expresado. Sin embargo, este conocimiento de la célula, aunque se había incrementado gradualmente, era todavía disperso. Aún no se había llegado a una síntesis de carácter completo y definitivo que condujera a ver en la célula la unidad fundamental de la vida.

Faltaba dar este paso. Y el factor decisivo fue un encuentro entre dos científicos alemanes Matthias Jakob Schleiden (1804-1881) y Theodor Schawnn (1810-1882).

2.1. DOS GRANDES CIENTÍFICOS ALEMANES

En 1837, Schleiden y Schwann fueron presentados en una cena. Antes de que terminara la cena estaban enfrascados en su discusión, habían olvidado al resto de los comensales. Ambos se apresuraron a trasladarse al laboratorio de Schwann, para examinar los trabajos de este. Schleiden hizo notar la semejanza entre células animales y sus células vegetales.

Schleiden nació el 5 de abril de 1804 en Hamburgo, donde recibió su primera formación. En 1824 se va a Heidelberg, donde estudia leyes, estableciéndose posteriormente como abogado en Hamburgo. Frustrado por su pobre desempeño como abogado, intenta suicidarse en 1831. El fallido intento por poner fin a su vida pegándose un balazo en la cabeza marca su fin como jurista, iniciando una nueva vida que, en 1833, le lleva a comenzar el estudio de la medicina, donde su interés por las lecciones de botánica orienta su consagración a la ciencia que ocupará ya toda su existencia. Durante la época berlinesa publica sus primeros trabajos acerca del origen celular de la estructura de los vegetales.

Schleiden, demostró que las plantas están compuestas enteramente de células, y que todo proceso de crecimiento consistía en la formación de nuevas células en el interior de las existentes (Figura 6).

En 1838 Schleiden publicó su célebre trabajo *Beitrage zur Phytogenesis* (Sobre la fitogénesis: del griego, el origen de las plantas).

Schleiden describe detalladamente la morfología del núcleo celular al que denominó citoblasto. También describe por vez primera el nucléolo de las células vegetales y expone su teoría del proceso de formación celular, totalmente errónea, pero que adoptaría también Schwann, y no sería erradicado de la Biología hasta que Rudolf Virchow la demuele.

Schleiden sostiene que la célula vegetal se origina por una suerte de proceso físico de cristalización de la siguiente manera: dentro de un citoblastema indiferenciado constituido por una mezcla de almidón, azúcar, moco (proteína) y «goma», se constituye una gelatina en la que primero surge el nucléolo que crece por acumulación de gránulos mucosos diminutos. En torno al nucléolo, por una suerte de coagulación se forma el citoplasto o núcleo. Una vez maduro este, por un proceso químico la gelatina se transforma en membrana celular y forma una delicada vesícula transparente que va creciendo. Según Schleiden las plantas pueden también crecer por la formación de células dentro de las células. En síntesis, la contribución de Schleiden a la teoría celular fue:

- La célula vegetal es el elemento estructural y fisiológico del organismo de las plantas.

- La célula se origina en una gelatina compleja, a través de un proceso que se inicia con la aparición en ella de nucléolos; en torno a estos surgen los núcleos o citoblastos; sobre estos la aparición de una tenue vesícula que crece paulatinamente, da lugar a las células adultas.

- El proceso de crecimiento de la planta estriba en la multiplicación de las células dentro de otras células, salvo en los órganos leñosos, en los que la coagulación de un líquido da lugar a la formación súbita del tejido celular.

Evidentemente, de estas tres afirmaciones solo la primera es correcta. Las otras dos tuvieron que esperar hasta 1855 para ser erradicadas casi totalmente de la biología, pues en este año, el otro gran sistematizador, Rudolf Virchow postuló que las células solo aparecen por división de otras células, lo que expresó por el conocido aforismo *omnis cellula e cellula*, es decir, «toda célula procede de otra célula».

Schleiden destacó también que las plantas están formadas por células, y que el embrión se origina a partir de una sola célula, pero se preocupó principalmente de la teoría de la génesis de las células, y de una forma que resultó equivocada.

Theodor Schwann, nace en Neuss am Rhein, Alemania, el 7 de diciembre de 1810. Estudio medicina en Bonn, de 1829 a 1831, donde colaboró con el profesor de Fisiología Johannes Müller en la elaboración del famoso *Handbuch der Physiologie*.

Frente al maestro, cuya formación y convicción vitalistas le llevan a enfrentarse con los fenómenos fisiológicos como forma de estudio de la fuerza vital peculiar de cada órgano, el discípulo va a adoptar una postura distinta: la consideración cuantitativa de la fisiología. No en balde pertenece Theodor Schwann a la generación de sabios germanos que lleva a cabo el tránsito de la especulación de la *Filosofía Natural* a la mesuración y experimentación de las *Ciencias naturales*. Schwann se propone someter las propiedades fisiológicas de un órgano a mesuración física, y así se consagra a cuantificar la contracción muscular en diversas circunstancias experimentales y a comparar la intensidad de tal contracción con la del estímulo que la provoca.

Por la misma época descubrió la pepsina y llevó a cabo trabajos sobre fermentación alcohólica y el ciclo vital de la levadura. Schawnn postuló que los cambios químicos que se generan en el proceso de putrefacción y fermentación son ocasionados por microorganismos vivos.

Schwann introdujo el método científico natural en fisiología; frente a la fuerza vital, frente a la energía propia de cada órgano o tejido, trata de entender las propiedades físicas y químicas de los fenómenos vitales. Así como en la tracción muscular, en la digestión, en los procesos fermentativos.

A partir de 1839, Schawnn abandona la fisiología y se dedica al desarrollo de instrumentos tecnológicos y fallece, víctima de una embolia, el 11 de enero de 1882.

A Schawnn se le atribuye la concepción del organismo animal y, la coincidencia fundamental en la estructura y en el crecimiento de los animales y los vegetales (Figura 6).

Schwann había investigado las terminaciones nerviosas en la cola del renacuajo. Examinando al microscopio pedacitos de tejido, vio que la cuerda dorsal (el soporte de la medula espinal) tenía una «bella estructura celular». De esta forma se confirmaba la opinión de Müller, según la cual la cuerda dorsal de los peces consistía en células enteramente separadas. Schawnn se preguntó si sería posible reconocer células en otros tejidos, y las encontró en los cartílagos. En ellos había también células, estos resultados concuerdan con los correspondientes procesos en las plantas. Lo que derriba una gran barrera que se levantaba entre los reinos animal y vegetal, la diversidad de estructura.

Schwann, investigó con huevos de gallina recién puestos y sacó una porción de la membrana germinal: el pequeño disco blanquecino del que se forma el embrión. Estaba formado enteramente de células. Schwann demostró que, después de ocho horas de incubación, estas células daban origen a los primeros rudimentos del embrión.

La «substancia primordial» era una célula, y desde su origen hasta la formación de los tejidos, el desarrollo no era más que una multiplicación de las células. Schawnn ya podía afirmar con seguridad que, en general, todos los tejidos se originaban a partir de células.

Schawnn, también cortó un pedacito de uña de un niño recién nacido y lo dividió en finísimas secciones longitudinales. El microscopio mostró que estaba formada por estratos de células. El tejido córneo de la pezuña de un feto de ungulado se componía también enteramente de las «más bellas células, semejantes a las de las plantas».

Resultó que las plumas constituían otro ejemplo perfecto. Desde siempre se había dicho que eran «fibrosas». A simple vista parecía que nada tenían en común con el tipo de célula que se había reconocido al microscopio desde hacía más de medio siglo. Schwann demostró que, en realidad, las plumas se forman a partir de grandes células epiteliales planas de las capas profundas de la piel. Cada una de ellas tenía un bonito núcleo con dos nucléolos. El veredicto era también definitivo: las fibras se originaban a partir de células.

Los dientes habían sido considerados tradicionalmente como hueso. Pero cuando Schwann examinó al microscopio la corona de un diente en crecimiento, observó que estaba formado por células.

Lo mismo ocurría con las fibras musculares y con los nervios. Schwann pudo seguir su origen a partir de células, y pudo mostrar que los nervios «ponen a cada parte del cuerpo en comunicación con la porción central del sistema nervioso por medio de células ininterrumpidas». Era verdad que incluso las partes del cuerpo que parecían más alejadas de una estructura celular debían su origen, en último término, a células.

Este trabajo fue concluido en poco más de un año, y en 1839, Schwann estaba preparado para publicar una obra que pronto sería famosa: *Investigaciones microscópicas sobre la correspondencia en estructuras y crecimiento entre plantas y animales*.

Insertó al final un capítulo sobre la «teoría celular», dando nombre y organizando así uno de los conceptos principales de la Biología y la Bioquímica. «Todos los organismos y todos sus distintos órganos están compuestos de innumerables y diminutas partículas de forma definida –escribe Schawnn–. «Existe un principio universal que rige el desarrollo de las partes elementales de los organismos por diversos que sean, y este principio consiste en la formación de células».

Schwann había recorrido un largo camino desde que su atención se dirigiera a las células de las colas de los renacuajos.

Como Schleiden, Schwann encontró en el núcleo la clave para dilucidar la naturaleza de la organización de los tejidos animales. Pero por lo que se refiere a la citogénesis, Schwann adopta el mismo modelo erróneo de Schleiden.

El propósito de Schwann en su libro: *Mikroskopische Untersuchungen über die Uebereinstimmung in der Struktur und dem Wachsthum der Thiere und Pflanzen* (Investigaciones microscópicas sobre la coincidencia de los animales y las plantas en la estructura y el crecimiento), publicado en Berlín en 1839, fue «probar la íntima conexión existente en la naturaleza orgánica de los dos reinos». Con la obra de Schwann, a los principios enunciados por Schleiden vino a unirse otro mucho más general: tanto las plantas como los animales están constituidos por células o sus productos. En otras palabras, la célula es el elemento constitutivo de todo ser viviente, sea este animal o vegetal, además todas las partes no celulares del cuerpo de un organismo (animal o vegetal) son productos celulares (ejemplo: plumas, pelos, dientes, uñas, etc.).

Tras la exposición de la teoría celular Zellentheorie, basada en la pura observación, la parte final de la obra de Schawnn es un ensayo teórico que él llama Teoría de las células (*Theorie der Zellen*) o teoría de los organismos. En esta parte se incluye el tercer aspecto de la teoría celular, que es considerar a la célula como la unidad o elemento viviente. La célula es pues la unidad mínima de materia viviente, la forma elemental de vida. Cada célula del organismo posee vida independiente y el organismo subsiste solo a través de la acción recíproca de las células.

En síntesis, la teoría celular de Schawnn se funda en los siguientes postulados básicos:

- La célula es la unidad estructural de los seres vivos. Todos los seres vivientes están formados por células sueltas y/o asociaciones de células y sus productos. Este postulado sigue teniendo validez.

- Las células se forman dentro de otras células (formación endógena) o fuera de células ya existentes por diferenciación de una sustancia fundamental homogénea. Como ya hemos mencionado, la demolición de esta idea errónea de citogénesis comenzará casi inmediatamente después de publicada la obra de Schwann y culminará en 1858 con la obra de Virchow.

- Toda célula es capaz de tener vida independiente y aunque cada célula es influida por sus vecinas, la vida del todo, del organismo, es el producto y no la causa de la vida de los elementos celulares.

- Implícita en o como condición de esta última proposición es la idea de la célula como unidad de la vida, como la unidad mínima de materia capaz de tener vida independiente.

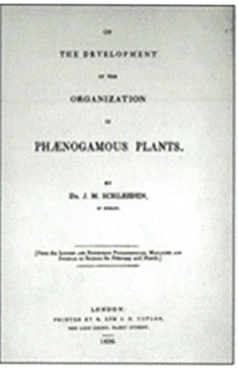

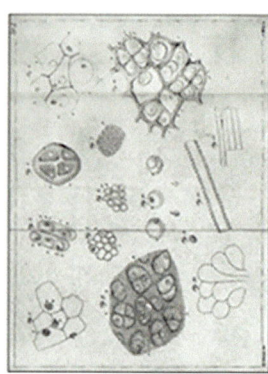

Figura 6. Mattias Jakob Schleiden y su libro *Phenogamous Plants*. Theodor Schawn y sus observaciones en tejidos animales.*

Schwann también propuso una clasificación de los tejidos, según consten estos de células autónomas o fusionadas, dividiendo los tejidos en cinco grupos:

- Los constituidos por células aisladas, independientes, separadas, que se encuentran en líquidos, o bien yacen meramente sueltas y movibles unas al lado de otras, por ejemplo: la sangre.

- Los constituidos por células independientes, pero firmemente adosadas entre sí, por ejemplo: los epitelios.

- Los constituidos por células cuyas paredes se hallan fusionadas entre sí, o bien están unidas con sustancia intercelular, por ejemplo: el cartílago, los dientes, el hueso.

- Los constituidos por células fibrosas o que se dividen en haces de fibras, por ejemplo: los tendones y los ligamentos.

- Aquellos que se generan por fusión de las células, por ejemplo: el músculo, los nervios, los vasos capilares.

Schwann percibe el concepto universal de célula como elemento básico común de los reinos animal y vegetal.

---

* Fuentes: Autor Internet Archive Book Images: <https://commons.wikimedia.org/wiki/File:Some_apostles_of_physiology>, <https://commons.wikimedia.org/wiki/File:Schleiden_%22Phaenogamous_plants...%22,_1838;_title_page_Wellcome_L0016650.jpg>, < https://commons.wikimedia.org/wiki/File:Portrait_of_Theodor_Schwann._Wellcome_M0005626.jpg>, <https://commons.wikimedia.org/wiki/File:T._Schwann,_Mikroskopische_Untersuchungen_Wellcome_L0029115.jpg>.

2.2. RECONOCIMIENTO DE LA TEORÍA CELULAR

La teoría celular ha sido atribuida por la tradición histórica a Schleiden y Schwann, pero hay que recodar como ya lo hemos mencionado que desde el siglo XVII varios microscopistas habían visto células, aunque ninguno de ellos supo entender su significado e incorporar sus observaciones en un marco teórico general. El mérito de Schleiden y Schwann radica en haber realizado la primera formulación clara y sistemática de la teoría celular. Pero lo cierto es que, antes de ellos, el mundo no se había dado cuenta de que la célula era la unidad fundamental de la vida.

Solo desde 1838 se aceptó de manera general que las plantas, los animales y el hombre tienen el cuerpo formado por células, y que la vida del conjunto es la suma total de la vida celular. Era un concepto que iluminaba y comunicaba nuevos ímpetus, uno de los más fructíferos en abrir nuevas vías a la investigación. Los hombres habían encontrado al fin el camino seguro para llegar a entender el funcionamiento de su propio cuerpo.

En 1845, la Sociedad Real confirió a Schwann su honor más preciado: la medalla Copley. Dos años más tarde se publicó en Inglaterra una versión de su obra y la de Schleiden, por la Sociedad Sydenham. Con el tiempo, Schleiden y Schwann fueron citados en casi todos los manuales como los fundadores de la teoría celular. Fueron honrados como los padres de una de las ideas biológicas más significativas, una idea que revolucionó la Ciencia.

Se le asignó a la teoría celular los caracteres de inmortalidad e indispensabilidad «el concepto de célula es el concepto de vida, de su origen, de su naturaleza y de su continuidad».

Sus complicadas especulaciones sobre el origen y crecimiento de las células estaban basadas en una creencia errónea sobre el origen y desarrollo de nuevas células a partir de los nucléolos. Sin embargo, contenían sugerencias útiles respecto a la naturaleza del crecimiento, y se anticipa a algunas de las más recientes ideas de la Bioquímica y de la Biofísica.

En la historia del descubrimiento de la célula, muchos contribuyeron a él; pero Schleiden y Schwann dieron el toque final, dándose cuenta de cómo los maravillosos fenómenos que se producen en un número infinito de pequeños compartimentos determinan la forma y la función de la vida. Ambos han sobrevivido hasta la fecha y sus nombres siguen vinculados a una de las grandes realizaciones de su siglo: la teoría celular. Esta, como todos los descubrimientos clave, abrió nuevos caminos para la comprensión de la vida.

La teoría celular puede considerarse como la culminación de la búsqueda de un principio general o fundamental de organización de los seres vivos. La generalización de que todos los seres vivientes, animales y plantas, están compuestos de células y sus productos, tienen alcances formidables en la investigación biológica moderna.

COMPONENTES FUNDAMENTALES DE LA CÉLULA

3.1. CÉLULA NUCLEADA

Como ya hemos mencionado Robert Brown (1773-1858) demostró la existencia del núcleo en las células de las orquídeas, pero a partir de 1836 en adelante, fueron muchos los investigadores que constataron la presencia del núcleo de células animales. Un año antes, en 1835, Ernst Wagner (1829-1889) descubrió el nucléolo en los oocitos de varios animales. En ese momento lo único que se sabía del nucléolo es que ayudaba a identificar al núcleo. El núcleo, el cual en células animales fue descrito por Purkinje (1836) en los plexos coroideos, uno de los mejores histólogos de su época, propuso que no solo los tejidos animales estaban formados por células, sino también que los tejidos animales eran básicamente análogos a los tejidos vegetales.

Fue precisamente su discípulo, Grabriel Gustav Valentín (1810-1883), quien introdujo en 1836 la palabra «núcleo» en la literatura citológica animal. En 1837 Jacob Henle (1809-1885) publicó un libro clásico en el que describió células nucleadas en una gran cantidad de tejidos humanos. Por lo que se afirma que los trabajos de Henle y el de Valentín, marca el principio de una nueva época en citología, la de la «célula nucleada».

3.2. PROPUESTAS DE LA EXISTENCIA DE UN LÍQUIDO GELATINOSO DEL INTERIOR DE LA CÉLULA

Entre 1833 y 1838 muchos investigadores, habían descrito de una forma o de otra, tanto células vegetales como animales y se introdujo el término protoplasma como uno de los elementos constitutivos característicos de toda célula.

En el siglo XIX, la óptica de los microscopios mejoró gracias a la invención del doblete acromático de Chester Moor Hall, John Dolland y James Ramsdell.

Eso llevó a la introducción de lentes acromáticas en los microscopios durante las décadas de 1820 y 1830. Las lentes recientemente desarrolladas fueron corregidas para atenuar las aberraciones esféricas y cromáticas. Eso le dio la oportunidad al biólogo francés Félix Dujardin (1801-1862) de detectar objetos que eran unas 100 veces más pequeños que los que se podían apreciar a simple vista. En 1835, Félix Dujardin, comenzó a estudiar el protoplasma de algunos protozoarios y descubrió que las células no eran huecas, sino que estaban constituidas por una sustancia gelatinosa a la que bautizó con el nombre de «sarcoda».

Los nuevos microscopios con lentes acromáticas proporcionaron los medios para explorar la estructura de los seres vivos a nivel celular, y Félix Dujardin fue uno de los pioneros en poner en práctica y darles uso científico a esos nuevos instrumentos. Fue uno de los primeros microscopistas de la vida animal, que en 1834 planteó el nuevo grupo de organismos unicelulares denominándolos Rhizopoda que posteriormente cambiaría por Protozoa. Y fue quien refutó al naturalista Christian Gottfried Ehrenberg (1795-1876) el concepto de que los organismos microscópicos son similares a los animales superiores.

Más tarde en 1841, Dujardin se refiere a la sarcoda como «una simple gelatina viviente», que contenía una masa homogénea de composición viscosa.

La palabra «protoplasma» es introducida en 1839 al lenguaje científico por el naturista Checo Jan Evangelista Purkinje (1787-1869) al poco tiempo de enunciarse la teoría celular. La palabra protoplasma significa en griego «lo primero que se forma» y lo empleó para referirse a la vida que existe en un huevo. Purkinje también mejora las técnicas histológicas de preparación de los tejidos animales para su observación microscópica: fijado, corte, tinción, utilización de distintos medios para hacer visibles estructuras no contempladas en fresco. Purkinje fue el primero en utilizar un microtomo para realizar delgados cortes de tejidos para la observación microscópica y en utilizar una versión mejorada del microscopio compuesto. Es más conocido por su descubrimiento de 1837 de las células, grandes neuronas con muchas ramificaciones de dendríticas encontradas en el cerebelo.

En 1846 Hugo Von Mohl (1805-1872) introduce el término protoplasma en la citología vegetal, demostró que el protoplasma es la fuente de los movimientos, y es el primero en describir el comportamiento del protoplasma en la división celular. Esas observaciones llevaron al derribo de la teoría de Mathias J. Schleiden (1804-1881) sobre el origen espontáneo de las células.

Unos años después, en 1860, Max J. S. Schulze (1825-1874) demostró que el protoplasma presenta características similares en todos los tipos de células, sean estas vegetales o animales, de organismos unicelulares o complejos.

Finalmente, Robert Remak (1815-1865) adopta la palabra protoplasma para denominar la sustancia de las células del huevo y de los embriones animales en 1852.

3.3. INVESTIGACIONES Y MODELOS QUE PERMITIERON CONOCER LA ESTRUCTURA DE LA MEMBRANA PLASMÁTICA

Inicialmente se pensaba que las células estaban delimitadas por una capa terminal de características desconocidas, que se describía como un límite del protoplasma.

La propuesta de la teoría celular se hizo sin conocimiento de la existencia de las membranas. La pared celular de las plantas era visible con gran claridad incluso con los primeros microscopios; por el contrario, en las células animales no se podía distinguir una estructura similar, aunque se pensaba que debía de existir y solo fue considerada necesaria en el siglo XX.

La primera propuesta sobre la composición de la membrana fue hecha en 1895 por Charles Ernest Overton (1865-1933), trabajando con células de raíces aéreas de plantas observó que las sustancias solubles en lípidos penetran fácilmente en las células, mientras que las solubles en agua, no. De estos estudios Overton explicó la existencia de una membrana de naturaleza lipídica en la célula debido a que la superficie celular es fácilmente traspasada por lípidos y muy resistente al paso de corriente eléctrica. lo que le llevó a concluir que la estructura que delimita a la célula debería estar constituida por una capa lipídica.

Además, descubrió que todos los tipos muy diferentes de células vegetales y animales son sorprendentemente similares en sus propiedades de permeabilidad. En 1899, Overton señaló un sorprendente paralelismo entre los poderes de penetración de diferentes sustancias y su relativa solubilidad en grasas, es decir, su coeficiente de partición en un sistema compuesto de grasa y agua. Cuanto más pequeño es este coeficiente, más difícil es el paso de la sustancia a través de la membrana. Esto fue a primera vista un resultado muy sorprendente, pero Overton lo explicó asumiendo que las membranas plasmáticas invisibles, ya teóricamente postulado por el botánico alemán Wilhelm Pfeffer (1887) están «impregnadas con sustancias similares a la grasa, como el colesterol o los fosfátidos».

Posteriormente, Irving Langmuir estudió el comportamiento de los fosfolípidos al extenderlos sobre el agua, y observó que los grupos polares (hidrófilos) de cada molécula quedaban en contacto con la superficie acuosa, mientras que los grupos no polares (hidrófobos) se disponían perpendicularmente a esta. Si se añadía otra capa de fosfolípidos, esta se disponía enfrentada a la anterior para que los grupos polares y no polares quedasen también en la misma relación respecto al agua. En 1925, Evert Gorter y Francois Grendel extrajeron los lípidos de la membrana de eritrocitos y calcularon que, al extenderlos sobre el agua, ocupaban una superficie doble de la que debían ocupar las membranas de los eritrocitos. Concluyeron que la membrana tenía una bicapa lipídica.

Resulta que la tecnología limitante de esos días llevo a dos errores grandes en su trabajo. Primero, no extrajeron completamente los lípidos de los glóbulos rojos debido a que no sabían de su forma cóncava doble. Sin embargo, los dos errores se cancelaron casi completamente y sus conclusiones fueron correctas.

En 1932, Kenneth Stewart Cole, estudió la tensión superficial de membranas de huevos de erizo de mar. El valor encontrado resultó inferior a la tensión superficial teórica para una capa de fosfolípidos; de ello dedujo que estos deberían ir acompañados de proteínas que disminuyeran su tensión superficial.

En 1935, James F. Danielli y Hugh Davson propusieron la teoría paucimolecular de la estructura de la membrana plasmática, describe una bicapa lipídica y dos capas de proteínas globulares, siendo una interna y la otra externa a la bicapa. La región externa de las proteínas sería hidrofílica y la interior hidrofóbica. Este modelo es importante porque reconoce la presencia de proteínas en la estructura de la membrana celular. Posteriormente, incluyeron en su modelo poros o canales en la membrana para explicar el paso de sustancias.

En 1950 se pudieron observar las primeras muestras biológicas con el microscopio electrónico, se consiguieron imágenes de membranas cortadas transversalmente en las cuales aparecían tres líneas: dos líneas oscuras, separadas por una zona clara. Por ello, a esta organización oscuro-claro-oscuro se le denominó unidad de membrana, y se consideró universal para cualquier membrana celular. En 1960 J. D. Robertson propuso que las zonas oscuras correspondían a las proteínas y partes hidrofílicas y la zona central clara a las cadenas de lípidos.

Unwin y Henderson en 1970, propusieron que la mayoría de las proteínas tienen en su estructura primaria una o más secuencias hidrofóbicas que abarcan la bicapa lipídica, la mayoría de las proteínas de membrana contienen segmentos transmembranales, estos segmentos anclan las proteínas a la membrana y las mantiene alineadas correctamente dentro de la bicapa lipídica.

Todos estos modelos se referían, básicamente, a las características estructurales estáticas de las membranas biológicas. Y a finales de los años sesenta surge el concepto de fluidez de membrana que incorpora los aspectos dinámicos que se presentan en, o se dan entre, los elementos constitutivos de las biomembranas. En 1972, Seymour J. Singer y Garth L. Nicolson proponen el modelo del mosaico fluido, al postular que la membrana plasmática está constituida por una bicapa fluida de lípidos capaz de alojar diversos conglomerados o mosaicos proteicos. Estos últimos, pueden estar parcialmente inmersos, o bien, pueden atravesar la bicapa lipídica y, en ambos casos, protruir de ella.

En cuanto a las proteínas este modelo propone la existencia de dos tipos. Un grupo incluye las llamadas proteínas periféricas o extrínsecas y el segundo tipo de proteínas llamadas integrales o intrínsecas, siendo una membrana asimétrica.

Muchas proteínas de membrana son capaces de desplazarse lateralmente por la membrana (difusión lateral) y como ocurre con los lípidos de membrana, las proteínas no saltan (flip-flop) a través de la bicapa, sino que giran alrededor de un eje aproximadamente perpendicular al plano de la bicapa (difusión rotacional). El reconocimiento de que las membranas biológicas son fluidos bidimensionales constituyó un gran avance en la comprensión de la estructura y de la función de la membrana.

En 1988 Kai Simons y Gerrit van Meer proponen una idea novedosa, en el sentido de que existen microdominios que están enriquecidos con muchos tipos de lípidos como el colesterol, glicolípidos y esfingolípidos, todos ellos presentes en las membranas plasmáticas. Con el apoyo de este y otros experimentos como punto de partida, se comienza a formular la hipótesis de los «Lipid Rafts», llamados también, balsas lipídicas o microdominios moleculares situados en la membrana plasmática, que consisten en asociaciones estables de esfingolípidos, glucolípidos y colesterol.

Por ello, estos grupos forman una fase lipídica más densa que los *glicerofosfolípidos*, y así constituyen zonas especiales de la membrana plasmática que funcionan como «balsas» que flotan entre el conjunto de los demás lípidos. Estas unidades en la membrana plasmática son muy diversas y dinámicas en cuanto a tamaño y composición, y tienen asociadas proteínas de membrana que les confieren distintas propiedades y funciones. Por lo tanto, teniendo en cuenta estas balsas de lípidos, debemos ver la membrana plasmática como un componente celular heterogéneo en el cual se disponen numerosas balsas de lípidos que cambian en sus propiedades y definen funciones distintas en las regiones de la membrana celular.

En años más recientes, el conocimiento de las balsas lipídicas ha crecido enormemente. Varias investigaciones han dado a conocer su tamaño, forma, el rol que cumplen en la célula, y también sus funciones y otros aspectos de estos microdominios.

La incorporación de diversas y novedosas características estructurales y funcionales a lo largo de estos años ha propiciado el establecimiento de un modelo dinámico que incluye la presencia de heterogeneidades denominadas balsas de membrana.

Así el concepto primitivo de célula se transformó en una masa de protoplasma, limitado en el espacio por una membrana celular y que posee un núcleo. El término citoplasma, más comúnmente usado hoy en día, fue establecido por el histólogo suizo Albert Von Kolliker (1817-1905) en su obra *Handbuch der Gewebelehre des Menschen* (Manual de histología humana) publicada en 1863, así el término citoplasma reemplazó al de protoplasma, para definir al material celular que rodea al núcleo.

Von Kolliker también fue el primero en demostrar que los óvulos eran fecundados por espermatozoides producidos por las células testiculares. Además, fue uno de los primeros científicos que propuso la teoría sobre el mecanismo del proceso generativo, que consideraba los núcleos del óvulo y el espermatozoide como los transmisores de los caracteres hereditarios. Sin lugar a duda, puso las bases científicas para el desarrollo posterior de la genética. De la misma manera, se adelantó a muchos científicos al interpretar la estructura de los tejidos del cuerpo humano en términos de elementos celulares.

VIRCHOW Y LA TEORÍA CELULAR DE LA ENFERMEDAD

4

4.1. PIONERO EN EL DESARROLLO DE LA PATOLOGÍA Y LA CARACTERIZACIÓN DE LAS ENFERMEDADES POR SU ORIGEN CELULAR

En 1855, el médico alemán Rudolf Virchow (1821-1902), usa por primera vez el término «patología celular», y planteó la hipótesis de que toda célula provenía de otra.

Antes de Virchow, el conocimiento de las enfermedades se basaba principalmente en el examen a la simple vista de los tejidos u órganos anormales extirpados mediante la cirugía u observados en las autopsias. El patólogo usaba muy rara vez el microscopio. A pesar de que Virchow era todavía un neófito en las investigaciones médicas, empezó a darse cuenta del importante papel que representaría el microscopio en el estudio de la enfermedad. Se despertó su atención cuando examinó la sangre de un paciente gravemente enfermo; la sangre parecía tener un matiz pálido, blanquecino. Cuando Virchow examinó una gota de esa sangre bajo el microscopio, encontró un gran exceso en el número de glóbulos blancos, y ese gran número de leucocitos persistió hasta que murió el paciente. Virchow descubrió una nueva enfermedad, a la que llamo leucemia, pero, cosa más importante aún, demostró que el examen microscópico de la sangre del enfermo debería ser un procedimiento rutinario en el diagnóstico médico.

Como maestro de patología, insistía en que cada uno de sus discípulos «aprendiera a ver al microscopio». Estaba poniendo los cimientos para la enunciación de un concepto revolucionario de la patología celular.

Virchow estudió con el microscopio centenares de tipos diferentes de células. ¿De dónde venían las células?, ¿podían nacer de los líquidos orgánicos o de los exudados no organizados, como se creía comúnmente? Cuanto más reflexionaba en estas cuestiones, más se convencía de que cada una de las células del cuerpo debería nacer de otra célula. Extendió este nuevo aspecto de la teoría celular a los problemas de la patología. Rompió completamente con la metodología de los anteriores patólogos, proponiendo el principio de que los síntomas observados en las enfermedades no son más que reflejos de los desórdenes estructurales y funcionales en el nivel celular. Se producen cambios celulares distintivos en diferentes enfermedades, y pueden observarse microscópicamente mediante el examen de una pequeña cantidad de tejido obtenido en la biopsia. Su gran tratado *La patología celular* explicaba su nuevo principio (Figura 7). Esta obra clásica de la literatura médica, publicada en 1858, estimuló enseguida la aparición de nuevos procedimientos para estudiar las células. Los métodos para descubrir oportunamente el cáncer, como el frotis de Papanicolaou, usados hoy en rutina en la práctica médica, han salvado millones de vidas. Estos beneficios se deben a la intuición de Virchow, que amplió el concepto celular al estudio de la enfermedad.

Su famoso libro *Cellularpathologie in Iher Begründung auf Physiologische und Pathologische Gewebe*, consta de 22 capítulos, de los que el primero está dedicado a una descripción de la célula y sus componentes, y al aforismo *Omnia cellula e cellula*.

Cellularpathologie contiene una serie de proposiciones que constituyen la base de la teoría celular de la enfermedad de Virchow, y que pueden resumirse como sigue:

1. Las células son las unidades de la vida.

2. Los tejidos están formados por células; a su vez, los órganos están formados por tejidos. Sin embargo, el organismo es esencialmente un estado celular.

3. Las células reciben su nutrición de los vasos sanguíneos, derivando las sustancias requeridas en cada territorio vascular específico.

4. Las células son las unidades de la enfermedad. Las células enfermas muestran disminución de sus poderes de atracción nutritiva y contribuyen elementos nocivos a la sangre, dando origen a discrasias y padecimientos metastásicos.

5. Las células poseen irritabilidad mientras están vivas. La respuesta a la irritación puede ser funcional, nutritiva o formativa.

6. Los trastornos de la función pueden ocasionar fatiga o agotamiento; las anomalías nutricionales se revelan por hipertrofia, tumefacción turbia e inflamación, o por cambios pasivos como degeneraciones o necrobiosis. Los trastornos formativos resultan en hiperplasia, formación de pus, tuberculosis y neoplasias.

Las propuestas 1 a 4 permanecen inalteradas, a pesar de que se enunciaron hace poco más de 100 años; las propuestas 5 y 6 han dado lugar a conceptos

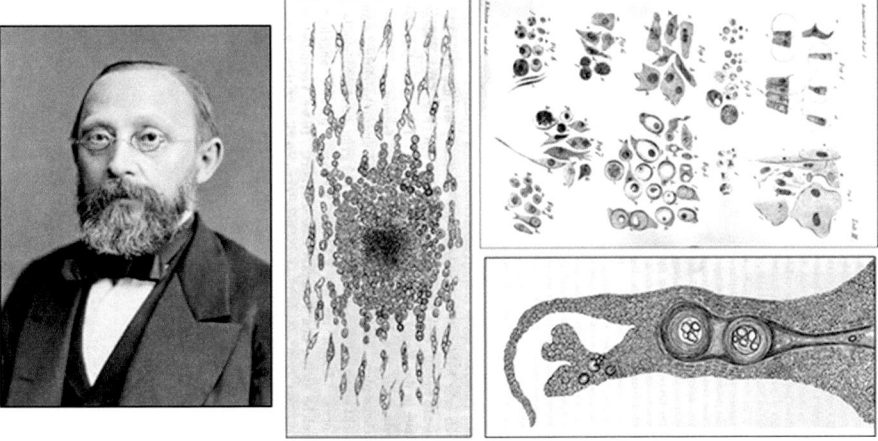

Figura 7. Rudolf Virchow y algunas de sus ilustraciones.*

más sofisticados y actualmente se expresan con diferente terminología, pero durante muchos años también estimularon la investigación. Sin embargo, en la propuesta 4 la que constituye el postulado fundamental de la *Cellularpathologie*, puede refrasearse como sigue: si la enfermedad es la vida en condiciones anormales, y las células son las unidades de la vida, entonces las células son las unidades de la enfermedad.

Para 1900, todos los ciudadanos alemanes se beneficiaron con los programas de medicina preventiva iniciados por Virchow.

La contribución fundamental de Virchow fue la de incorporar la teoría celular a la medicina, reclutando de esta manera la biología más avanzada de la época para el estudio de la enfermedad. Virchow alcanzó la grandeza como científico, cuyo esclarecimiento de la índole biológica de la enfermedad benefició a todo el género humano.

La teoría celular de la enfermedad postula que si la célula es la unidad biológica mínima en que se encuentran las características esenciales de la vida, la enfermedad debe expresarse también a este nivel. La teoría celular de la enfermedad no postula que el nivel celular sea el único o el más importante en el estudio de los procesos patológicos; tampoco postula que los métodos morfológicos son los únicos o los más importantes para este estudio; finalmente, tampoco postula que deben abandonarse los conceptos que no se aplican al nivel de organización peculiar a las células.

---

* Fuentes: <https://commons.wikimedia.org/wiki/File:Rudolf_Virchow;_Die_Cellularpathologie_Wellcome_L0031000.jpg>, <https://commons.wikimedia.org/wiki/File:Virchow-cell.jpg>, <https://commons.wikimedia.org/wiki/File:Rudolf_Virchow_NLM3.jpg>.

DE LAS CIENCIAS NATURALES A LA CITOLOGÍA

5

Una vez que se establecieron estas teorías y conceptos fundamentales, el progreso del conocimiento citológico fue sumamente rápido. En 1823, Ernest Abbe (1840-1905) perfeccionó la parte óptica de los microscopios construyendo lentes apocromáticas y de inmersión, lo cual permitió aumentar el poder de resolución de los microscopios hasta casi un micrómetro. De forma paralela la necesidad de preparaciones histológicas que permitiesen la observación a grandes aumentos indujo el desarrollo paralelo de las técnicas de preservación del material biológico, la obtención de cortes finos de tejido y las técnicas de teñido. Así ya en el siglo XIX se empezaron a utilizar sustancias fijadoras que preservasen la estructura tisular, el uso de colorantes para estudiar los tejidos supuso un avance sin precedente en la identificación de manera diferencial de estructuras en las células y los tejidos. Los primeros colorantes para tejidos se le atribuye al anatomista J. von Gerlach (1820-1896) utilizó soluciones de carmín en tejido nervioso y aparte de ser pionero de la tinción histológica, fue uno de los primeros médicos en utilizar la fotomicrografía. En 1829, P. Mayer introduce la tinción de hematoxilina y eosina como una tinción combinada de dos colorantes. En 1904 Gustav Giemsa (1867-1948) introduce la tinción con eosina y azul de metileno, se empezaron a realizar cortes finos y seriados mediante el perfeccionamiento de los microtomos.

En 1865, se le atribuyen a Johann Gregor Mendel (1822-1884), las bases de las leyes de la herencia genética. Quien utilizó cruzamientos entre guisantes con diferentes características (color de la flor, textura de la semilla, etc.) y en sus resultados pudo postular varias leyes.

Mendel cruzó dos plantas de guisantes, cruzó una variedad de planta que producía semillas amarillas con otra que producía semillas verdes; estas plantas forman la llamada generación parental *(P)*. Observó que todos los guisantes fueron amarillos, al carácter que aparecía le llamo carácter dominante y al que no, carácter recesivo.

Mendel autofecundó las plantas de la generación parental y obtuvo la llamada segunda generación filial *(F2)*, compuesta por plantas que producían semillas amarillas y por plantas que producían semillas verdes en una proporción 3:1 (3 amarillas y 1 verde). Repitió el experimento con otros caracteres diferenciados y obtuvo siempre la misma proporción.

Después quiso comprobar si las dos primeras leyes creadas a partir de los anteriores experimentos eran válidas al cruzar plantas con dos o más caracteres diferentes mezclando guisantes verdes y lisos con guisantes amarillos y rugosos (Figura 8).

Las cruzó y observó que la primera ley se cumplía; en la F1 aparecían los caracteres dominantes (amarillos y lisos) y no los recesivos (verdes y rugosos).

Obtuvo la segunda generación filial autofecundando a la primera generación filial y obtuvo semillas de todos los estilos posibles, plantas que producían semillas amarillas y lisas, amarillas y rugosas, verdes y lisas y verdes y rugosas; y se obtenían en una proporción 9:3:3:1 (9 amarillos y lisos, 3 amarillos y rugosos, 3 verdes y lisos y uno verde y rugoso) (Figura 8).

A partir de estos experimentos desarrollo varias leyes:

Primera ley o principio de la uniformidad

«Cuando se cruzan dos individuos de raza pura, los híbridos resultantes son todos iguales». El cruce de dos individuos homocigotos, uno dominante (AA) y el otro recesivo (aa), origina solo individuos heterocigotos (Aa).

Segunda ley o principio de la segregación

«Ciertos individuos son capaces de transmitir un carácter, aunque en ellos no se manifieste». El cruce de dos individuos de la F1 (Aa) dará origen a una segunda generación filial en la cual reaparece el fenotipo «a», a pesar de que todos los individuos de la F1 eran de fenotipo «A». Esto hace presumir a Mendel que el carácter «a» no había desaparecido, sino que solo había sido «opacado» por el carácter «A» pero que, al reproducirse un individuo, cada carácter se segrega por separado.

Tercera ley o principio de la combinación independiente

Mendel trabajó este cruce en guisantes, en los cuales las características que él observaba (color de la semilla y rugosidad de su superficie) se encontraban en cromosomas separados. De esta manera, observó que los caracteres se transmitían independientemente unos de otros. Esta ley, sin embargo, deja de cumplirse cuando existe vinculación (dos genes están en locus muy cercanos y no se separan en la meiosis).

Figura 8. Johann Gregor Mendel y sus experimentos del cruzamiento entre guisantes con características diferentes.*

A Mendel se debe la primera formulación del concepto de gen, como factor particulado responsable de la herencia de un carácter. El trabajo de Mendel cuando lo publicó no fue reconocido. El redescubrimiento de las investigaciones de Mendel se produce en los umbrales del siglo XX, en el mismo año, 1900, en el que Sutton y Boveri postulan la teoría cromosómica de la herencia. Estos autores encontraron que los cromosomas, partículas visibles al microscopio en células en división, poseían unas propiedades que los hacían aptos para ser portadores de la información genética que, precisamente al dividirse una célula, debía pasar a las células hijas. Naturalmente, la comparación de los resultados de Sutton y Boveri con los de Mendel inmediatamente sugería que los genes, esas partículas materiales postuladas por el fraile agustino, estaban contenidas en los cromosomas.

5.1. ESTUDIOS DE LA MITOSIS, MEIOSIS Y CROMOSOMAS

Las modificaciones extraordinarias que se producen en el núcleo en cada división celular atrajeron la atención de gran número de investigadores. Como consecuencia de ello se descubrió el fenómeno de la mitosis o división directa en el año de 1841 por Robert Remak (1815-1865) en los hematíes embrio-

---

* Fuentes: <https://commons.wikimedia.org/wiki/File:Portrait_of_Gregor_Johann_Mendel,_Garrison._Wellcome_M0002351.jpg>.

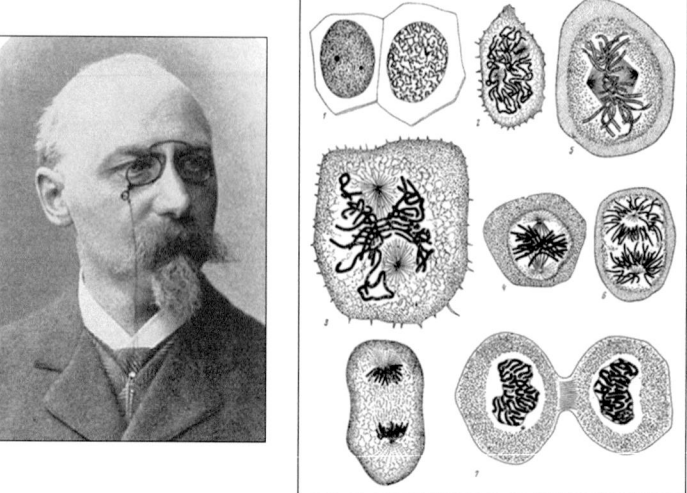

Figura 9. Walther Flemming e ilustración original de Flemming del comportamiento de los cromosomas durante la mitosis.*

narios de pollo y más tarde por Louis-Antoine Ranvier (1835-1922) en los leucocitos de anfibios, mientras que la división indirecta fue descubierta por Walther Flemming (1843-1905) en animales y por Edward Strasburger (1844-1912) en vegetales quien afirmó que el número de cromosomas que se forman durante la misma es constante y característico para cada especie vegetal. A esta última se le denominó también cariocinesis o mitosis.

Flemming investigó el proceso de la división celular y la distribución de los cromosomas en el núcleo hermano, proceso que denominó mitosis, de la palabra griega para el hilo (Figura 9). Sin embargo, no se dio cuenta de la separación en dos mitades idénticas, las cromátidas hermanas. Estudió la mitosis *in vivo* y en preparaciones cromadas, empleando como única fuente el material genético proveniente de las aletas y branquias de las salamandras. Estos resultados fueron publicados en 1882 en el volumen semanario *Zellsubstanz, Kern und Zelltheilung* (1882; Substancia celular, Núcleo y División celular). Basándose en sus hallazgos, Flemming hipotetizó por primera vez que todos los núcleos celulares provenían de otro núcleo anterior (de hecho, acuñó la frase *omnis nucleus ex nucleus*, siguiendo la de Rudolf Virchow: *omnis cellula ex cellula*).

---

* Fuentes: <https://commons.wikimedia.org/wiki/File:Walther_Flemming.jpg>, Autor Walther Flemming (1843-1905): <https://commons.wikimedia.org/wiki/File:Zellsubstanz-Kern-Kernthei-lung.jpg>.

Flemming desconocía el trabajo de Gregor Mendel (1822-1884) sobre la herencia, por lo que no hizo la conexión entre sus observaciones y la herencia genética. Dos décadas transcurrieron antes de que la importancia del trabajo de Flemming se hiciera verdaderamente visible con el redescubrimiento de las leyes de Mendel. Su descubrimiento de la mitosis y los cromosomas se considera uno de los descubrimientos más importantes de la biología celular.

5.2. INICIOS EN LA INVESTIGACIÓN DE ÁCIDOS NUCLEICOS

Johan Friedrich Miescher (1844-1895), aisló varias moléculas ricas en fosfatos, a las cuales llamó *nucleínas* (actualmente ácidos nucleicos), en 1869 analizó los restos de pus de los desechos quirúrgicos, aislando los núcleos de los glóbulos blancos y extrayendo una sustancia ácida y cargada de fósforo a la que denominó «nucleína», y así preparó el camino para su identificación como los portadores de la información hereditaria, el DNA. En 1874, Miescher, comenzó sus investigaciones con el esperma de los salmones, y descubrió la presencia de una serie de sustancias, una ácida (ácido nucleico o «nucleína») y una fuertemente básica, a la que denominó «protamina» y que se identifica con las histonas. En 1881, Edward Zacharias, demostró que los cromosomas contenían la nucleína de Miescher. Zacarias aplicó las técnicas desarrolladas por Miescher al estudio de los cromosomas, disolviendo con pepsina el citoplasma de las células y dejando núcleos aislados. Los cromosomas resistían la acción de la pepsina, lo cual indicaba que su naturaleza no era proteica. Esto llevó a Walther Flemming (1843-1905) a especular en 1882 que nucleína y la cromatina eran idénticas, y en 1884 Hertwig sostenía que «la nucleína no solo es la sustancia responsable de la fecundación, sino también de la transmisión de las características hereditarias». A pesar de tan acertada observación la nucleína se relegó a un papel secundario, al de simple armazón para las proteínas en el núcleo.

Wihelm Waldeyer en 1888 (1836-1921) acuñó el término «cromosoma» que significa cuerpo coloreado en griego. Johan Friedrich Miescher (1844-1895) descubrió una sustancia que se llamó «nucleínas» en 1869. Más tarde aisló una muestra pura del material que ahora se conoce como DNA de esperma de salmón, y en 1889 el patólogo alemán Richard Altmann (1852-1900), discípulo de Miescher, logró separar por vez primera las proteínas de la «nucleína», llamando a la nueva sustancia «ácido nucleico».

Otro descubrimiento de importancia fue el comienzo del desarrollo de un embrión con la fusión de dos núcleos, uno que procede del óvulo y el otro de un espermatozoide introducido durante la fertilización. Oscar Hertwig (1849-1922) publicó en 1876, la fertilización se produce cuando el espermatozoide penetra en el óvulo y sus núcleos se fusionan. Hasta tal nivel de

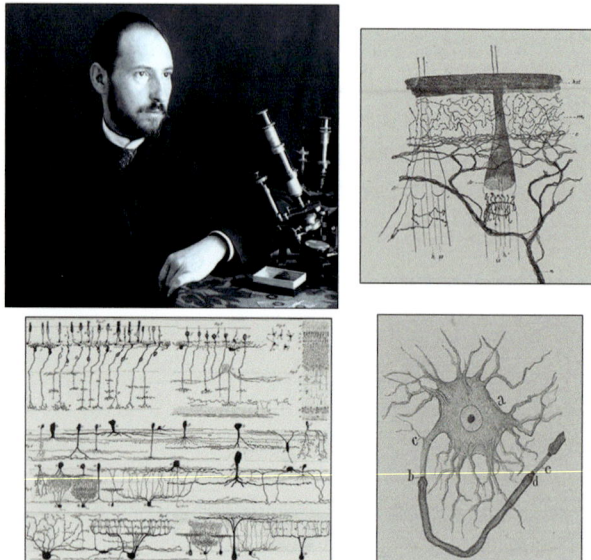

Figura 10. Santiago Ramón y Cajal en su laboratorio y algunos de sus dibujos.*

detalle pudo ver Hertwig el momento álgido de la reproducción sexual que también descubrió que es un único espermatozoide el que fecunda el óvulo, aunque son muchos los que lo intentan. Así, cuando un espermatozoide logra penetrar un óvulo, este genera una membrana que impide la entrada de nuevos espermatozoides.

Oscar Hertwig siguió estudiando la fertilización en el interior del óvulo y observó que la clave estaba en lo que sucedía con los cromosomas en ese proceso.

Édouard Joseph Louis-Marie Van Beneden (1846-1910) en 1883 observó y describió el proceso de meiosis en el parásito *Ascaris*, demostrando que el proceso de fecundación se realiza entre dos pronúcleos, uno masculino y otro femenino, los cuales portan la mitad de cromosomas para la próxima célula. En 1887, observó que en la primera división celular que llevaba a la formación de un huevo, los cromosomas no se dividían en dos longitudinalmente como en la división celular asexual, si no que cada par de cromosomas se

---

* Fuentes: <https://commons.wikimedia.org/wiki/File:Terminaciones_nerviosas_en_la_piel_y_pelos_del_raton_Wellcome_L0040802.jpg>, <https://commons.wikimedia.org/wiki/File:Celula_del_lobulo_cerebral_electrico_del_torpedo._Wellcome_L0040800.jpg>, Autor ZEISS Microscopy: <https://commons.wikimedia.org/wiki/File:Santiago_Ram%C3%B3n_y_Cajal_%288691434605%29.jpg>, <https://wellcomeimages.org/indexplus/image/L0040596.html>.

separaba para formar dos células, cada una de las cuales presentaba tan solo la mitad del número usual de cromosomas. Posteriormente, ambas células se dividían de nuevo según el proceso asexual ordinario. Van Beneden denominó a este proceso «Meiosis». También demostró que el número de cromosomas es constante para cada especie.

Theodor Heinrich Boveri (1862-1915), investigó el papel del núcleo y el citoplasma en el desarrollo embrionario. Su gran objetivo consistió en desentrañar las relaciones fisiológicas entre la estructura y los procesos celulares. Sus trabajos con erizos de mar mostraron que era necesario que todos los cromosomas estuvieran presentes para que un desarrollo embrionario correcto tuviera lugar. Otro descubrimiento significativo de Boveri fue el centrosoma (1887), que describió como un «orgánulo especializado en la división celular».

Antes de fines de siglo quedó establecido que los gametos (óvulo y espermatozoide) se forman por división reduccional, que más adelante se denominó meiosis, por medio de la cual el número de cromosomas de una especie se mantiene constante de una generación a otra.

En la segunda mitad del siglo XIX la citología experimentó un notable avance. Hacia 1890, el químico alemán Albrecht Kossel (1853-1927), hidrolizó el ácido nucleico, descubriendo la existencia de hidratos de carbono y de unos compuestos o bases nitrogenadas a las que dio los nombres de «adenina», «guanina», «citosina» y «timina». Kossel estableció las bases que condujeron a esclarecer la estructura del DNA y recibió el premio Nobel de Fisiología y Medicina en 1910. Los estudios y descubrimientos de manera significativa sobre el DNA continuaron en el siglo XX, que mencionaremos posteriormente.

5.3. PROGRESOS EN LA ORGANIZACIÓN SUBCELULAR

En 1897 el francés Charles Garnier (1825-1898), describió una estructura filamentosa de naturaleza basófila a la que llamó ergastoplasma indicando que la presencia de esta estructura era fundamental en las células secretoras pues seguramente estaba involucrada en sus funciones sintéticas y en 1945 con la llegada del microscopio electrónico Keith Porter al ergastoplasma le dio el nombre de retículo endoplasmático.

Otro descubrimiento significativo de Boveri fue el centrosoma (1887), que describió como un «orgánulo especializado en la división celular». Así, en 1898, el biólogo alemán Carl Benda (1857-1932) descubrió las mitocondrias, lo que en griego significa hilos de cartílago. Ahora sabemos que son los orgánulos que se encargan de la obtención de energía a partir de azúcar y oxígeno. En ese mismo año Camilo Golgi (1843-1934) describió el aparato reticular interno en células de Purkinje del cerebro del búho. En 1914, Santiago Ramón y Cajal le dio el nombre de aparato de Golgi en reconocimiento a su descubridor, Golgi es conocido por el desarrollo de una técnica que revolucionó la ciencia moderna: la técnica de tinción de plata, o la técnica de Golgi (Figura 10). En 1906 Golgi recibió el Premio Nobel de Medicina juntamente con Santiago Ramón y Cajal (1852-1934) por sus estudios sobre la estructura del sistema nervioso. Ramón y Cajal refinó la técnica de Golgi y, con los detalles obtenidos de las imágenes más nítidas, revolucionó la neurociencia. Ramón y Cajal escribió su doctrina de la neurona: la teoría de que las neuronas eran células cerebrales individuales, lo cual hizo que se diera cuenta de cómo estas células cerebrales individuales envían y reciben información; eso constituye la base de la neurociencia moderna. La teoría de Ramón y Cajal describía cómo fluía la información por el cerebro. Las neuronas eran unidades individuales que se comunicaban unas con otras de manera direccional a través del espacio entre ellas al mandar información desde unos largos apéndices llamados axones hacia las dendritas ramificadas.

A pesar de haber sido aceptada la teoría celular, los científicos seguían considerando al tejido nervioso como una excepción, ya que mostraba una estructura reticular, donde no era posible diferenciar unidades celulares. Fue el histólogo Santiago Ramón y Cajal el que hizo posible la generalización de la teoría celular al demostrar la individualidad de la neurona en su teoría neuronal (1889).

5.4. NACIMIENTO DE LA CITOLOGÍA

Simultáneamente con el estudio de los tejidos o agregados celulares, los biólogos se concentraron cada vez más en la célula, considerada como la unidad fundamental de la vida.

Como último acontecimiento relevante del siglo XIX fue en 1892 la publicación de la monografía del embriólogo alemán Oscar Hertwig (1849-1922) denominada *Die Zelle und das Gewebe*, en la que, basándose en las características de la célula, su estructura y función, trató de realizar una síntesis general de los fenómenos biológicos. Demostró en este libro que la solución de los problemas biológicos debe buscarse en los procesos celulares, creando de este modo la *citología* como una rama separada de la biología. Siendo la citología una de las ramas más jóvenes de las ciencias naturales.

En la actualidad son tantos los campos de la Biología que han enriquecido a la citología, y han sido tan importantes y transcendentales las repercusiones de estos conocimientos a todos los niveles de organización, que la célula ha pasado a ser el centro de la atención de muchos investigadores para constituir por sí sola un capítulo importante entre las ciencias biológicas, al que por mérito propio se llama *biología celular*.

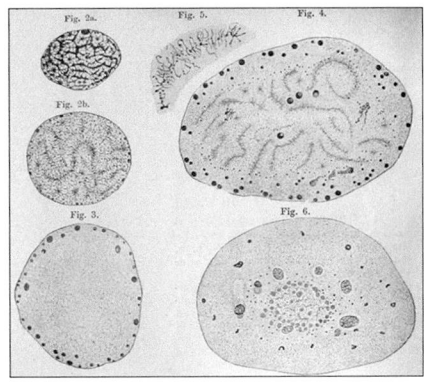

Figura 11. Oscar Hertwig y una ilustración de núcleos celulares de huevos de tritón en varias etapas de desarrollo de su libro *Textbook of developmental history of humans and vertebrates* (Libro de texto sobre la historia del desarrollo de los humanos y los vertebrados), 1906.*

Oscar Hertwig resumió así lo esencial de esta nueva concepción biológica. «Los animales y las plantas, por diversa que sea su apariencia externa, concuerdan en la naturaleza fundamental de su estructura anatómica; pues unos y otras están formados por unidades elementales similares que generalmente se pueden observar al microscopio. Estas unidades se llaman células, por lo cual la doctrina de que los animales y las plantas están formados por unidades de esta clase se llama teoría celular. El proceso vital común de un organismo compuesto parece no ser sino la resultante extremadamente compleja de sus múltiples células y de las distintas funciones de estas. Realmente esta obra se puede considerar como la base sobre la que se sustenta el nacimiento de la Citología como ciencia (Figura 11).

---

* Fuentes: Autor Rudolf Dührkoop: <https://commons.wikimedia.org/wiki/File:Rudolf_Due-hrkoop_Oscar_Hertwig_1910.jpg>, Autor Dr. Oskar Hertwig: <https://en.wikipedia.org/wiki/Oscar_Hertwig>.

DE LA BIOLOGÍA CELULAR A LA BIOLOGÍA CELULAR Y MOLECULAR | 6

Si se sigue la historia de la Biología Celular en el siglo XX es evidente que el conocimiento citológico ha avanzado en función de dos causas principales. La primera es el aumento del poder resolutivo de los instrumentos de análisis y en especial las técnicas de microscopía electrónica y de difracción de rayos X.

La segunda consiste en la convergencia con otros campos de la investigación biológica, particularmente con la genética, fisiología y bioquímica. Esto ha resultado de la aplicación de métodos físicos y químicos al estudio de la célula y de una integración de los conceptos, que finalmente abolieron los límites artificiales entre las ciencias. Como consecuencia directa, nuestros conocimientos biológicos se han establecido más firmemente sobre la base de la célula y su constitución molecular.

6.1. DESARROLLO DE LOS MICROSCOPIOS Y DE NUEVAS TECNOLOGÍAS

En el siglo XX, la microscopía avanza considerablemente con el desarrollo de nuevos tipos de microscopios. Sin embargo, el mayor avance en el campo de la microscopía durante el siglo XX fue el microscopio electrónico. En 1924, el físico francés Luis De Broglie (1892-1987) enuncia el carácter ondulatorio de los electrones, siendo galardonado en 1929 por el Premio Nobel de Física. Basado en las ideas De Broglie, Ernst Ruska físico alemán (1906-1988) indica que es posible enfocar un haz de electrones con campos magnéticos (bobinas) de la misma manera en que las ondas de luz se enfocan mediante las lentes de vidrio, ganó el Premio Nobel de física en 1986. Este aporte fue crucial para la construcción del microscopio electrónico. Así en 1931, Ernst Ruska construyó un microscopio electrónico de transmisión cuya fuente de iluminación era un conjunto de electrones acelerados bajo la tutoría del ingeniero electricista ale-

Figura 12. Foto de Ernst Ruska y su estatua en Jena-Burgau en mayo de 2024 y su microscopio electrónico. *

mán Max Knoll (1897-1969) (Figura 12). El microscopio electrónico reveló innumerables detalles de la ultraestructura celular, y la gran similitud existente entre unas células y otras aún pertenecientes no solo a tejidos muy diferentes, sino también a especies evolutivamente muy diferentes. En 1945, se logra la primera fotografía de una célula observada por el microscopio electrónico. Se publicó en el *Journal of Experimental Medicine*, y Keith Porter, Albert Claude y Ernest Fullman fueron los autores.

En 1937 Manfred von Ardenne (1907-1997) físico alemán construyó el primer microscopio electrónico de barrido, que consistía en un haz de electrones que barría la superficie de la muestra a analizar, que, en respuesta, reemitía algunas partículas. Estas partículas son analizadas por los diferentes sensores que hacen que sea posible la reconstrucción de una imagen tridimensional de la superficie.

En 1953, Frist Zernike (1888-1966) físico neerlandés recibe el Premio Nobel de física por la invención del microscopio de contraste de fase, este

* Fuentes: Autor J Brew: <https://commons.wikimedia.org/wiki/File:Ernst_Ruska_Elec-tron_Microscope_-_Deutsches_Museum_-_Munich-edit.jpg>, Autor Adrio: <https://commons.m.wikimedia.org/wiki/File:Statue_von_Ernst_Ruska_in_Jena.jpg>, <https://en.wikipedia.org/wiki/File:Ernst_Ruska.jpg>.

microscopio resulta especialmente útil para estudiar tejidos vivos, otra gran contribución a los estudios celulares y tisulares. Dos años más tarde, George Normarski (1919-1997) físico polaco publica las bases teóricas para lo que se convertiría en el microscopio de contraste de interferencia diferencial (DIC), es una técnica de microscopía de luz que emplea filtros polarizantes y prismas para producir imágenes con bastante tridimensionalidad. Este tipo de microscopía por su buena resolución y contraste, ayudan a discernir tanto detalles superficiales como estructuras internas. Además, el uso de prismas permite obtener imágenes de colores brillantes sin necesidad de aplicar tinción, ni de preparación de muestras, el método es muy utilizado para estudiar especímenes biológicos vivos y tejidos sin teñir. Los primeros prototipos de microscopio de fluorescencia se utilizan ya en los años 30, y, en los años 40. El primer concepto de una imagen confocal fue inventado por el matemático estadounidense Marvin Lee Misnky (1927-2016), en 1957, como parte de su diseño de un microscopio de fluorescencia. En aquel momento no existía la capacidad tecnológica para la creación de un microscopio confocal. Fue hasta finales de la década de los 80 que se creó el primer modelo, abriendo una nueva rama de estudio denominada microscopía confocal. La microscopía óptica confocal es una técnica de uso reciente que presenta varias ventajas con respecto a la microscopía óptica convencional, pues ofrece la capacidad de obtener cortes ópticos seriados de forma no invasiva en organismos vivos. Además, permite obtener imágenes de diferentes profundidades dentro del espesor de una pieza de tejido y elimina la posibilidad de esta forma de la necesidad de realizar procedimientos de seccionado y procesado de muestras. Por eso la microscopía confocal es una técnica para la valoración de tejidos intactos en organismos vivos.

En 1981 Gerd Binning (1947-*) físico alemán y Heinrich Rohrer (1933-2013) físico suizo inventan y diseñan el microscopio de efecto túnel (STM), que permite ver átomos individuales, obteniendo una imagen muy precisa de la superficie de un material. Reciben el Premio Nobel de física en 1986, el premio lo comparten con E. Ruska que en 1931 como hemos mencionado construyó el primer microscopio electrónico.

Además, aparece la técnica de inmunomarcaje, que permite detectar moléculas específicas mediante el uso de anticuerpos. Los métodos inmunohistoquímicos se desarrollaron a partir de 1941, año en el que Albert Hewett Coons (1912-1978), médico estadounidense describe un método de inmunofluorescencia para detectar antígenos celulares en secciones de tejido. Desde entonces, estos métodos se han convertido en una herramienta fundamental para el diagnóstico histológico. El desarrollo de otros tipos de marcaje y estrategias para incrementar la sensibilidad han permitido utilizar el inmunomarcaje en multitud de investigaciones, siendo una pieza angular en la biología celular y molecular.

La coexistencia de los distintos tipos de microscopios, juntamente con la aplicación de nuevas técnicas como la autorradiografía, la inmunohistoquímica, y otras técnicas microscópicas y de tinción, permitieron observar la estructura íntima de la célula, descubrir nuevos organelos y asociar las estructuras descritas con funciones concretas que explican el funcionamiento de la célula.

En 1945 Keith Roberts Porter (1912-1997) ideó métodos para utilizar el microscopio electrónico para obtener imágenes de alta resolución de células individuales. Estos procedimientos permitieron a Porter y sus colegas examinar la organización interna y las estructuras finas de las células en detalle por primera vez. Porter estudió el sistema de transporte intracelular conocido como retículo endoplásmico y ayudó a descubrir los microtúbulos, que juegan un papel vital en la organización del contenido de la célula.

En la segunda mitad del siglo XX, converge la bioquímica con la biología celular, se diseñaron y aplicaron técnicas de fraccionamiento celular y centrifugación para aislar y purificar los distintos organelos celulares, lo que hizo posible el estudio de las propiedades bioquímicas y actividades enzimáticas específicas de los organelos identificados en las fracciones mediante microscopía electrónica, que permitió asignar a cada organelo una función dentro de la célula.

En 1947, Christian de Duve (1917-2013) en colaboración con Philip Siekevitz (1918-2009) y George Palade (1912-2009), utilizando la técnica de fragmentación celular por centrifugación diferencial, realizaron sus primeros descubrimientos; particularmente, encontraron que la enzima glucosa-6-fosfatasa (G6P) es un marcador del retículo endoplásmico. Por demás interesante, fue que, como control de aquel experimento utilizaron la fosfatasa ácida y no prestaron gran atención en ello. Por azares del destino, el laboratorio de Christian de Duve almacenó estas muestras controles para utilizarlas en experimentos posteriores. Cuando se realizaron nuevos ensayos, notaron que la actividad enzimática de la fosfatasa ácida de las muestras almacenadas en un periodo de 5 días era más fuerte que aquella presentada por muestras nuevas, su curiosidad lo llevó a investigar por qué la actividad enzimática era más fuerte cuando utilizaban muestras almacenadas durante más tiempo. De tal modo, repitió los experimentos mediante el uso de tratamientos que fragmentaban membranas. En 1955, las investigaciones llevaron a de Duve a concluir que esta enzima estaba secuestrada en sacos de membrana que posteriormente llamó: Lisosomas.

Tras el descubrimiento, de Christian de Duve centró su interés ahora en la enzima urato oxidasa, presente en la misma fracción celular. En esta fracción también se encontraron otras enzimas como: catalasa y D-aminoácido oxidasa. Christian de Duve especuló que todas estas enzimas tenían propiedades químicas similares a las oxidasas productoras de peróxido, y concluyó que se localizaban en un mismo organelo. Finalmente, en 1957 su equipo publicó el descubrimiento de otro organelo, el peroxisoma, estas investigaciones lograron el estudio de las propiedades bioquímicas y actividades enzimáticas específicas de los organelos identificados en las fracciones mediante microscopía electrónica, que permitió asignar a cada organelo una función dentro de la célula. Como dato curioso, Christian de Duve también fue quien acuñó los términos: endocitosis, exocitosis, fagocitosis y autofagia.

Por estos hallazgos, en 1974, Christian de Duve compartió el premio Nobel en Fisiología y Medicina con Albert Claude y George Palade debido a sus descubrimientos sobre la estructura y el funcionamiento de los diferentes orgánulos celulares.

Todos estos avances permiten a principios de 1960 la aparición de una disciplina amplia y general: La Biología Celular y Molecular.

6.2. AVANCES EN EL DESARROLLO DE TÉCNICAS DE CULTIVOS CELULARES

Otro de los métodos que ha contribuido al desarrollo de la Biología Celular y Molecular ha sido la de los cultivos celulares. El primer investigador en darse cuenta de la gran potencialidad del cultivo celular como técnica de mantenimiento de células *in vitro*, fue Wilhem Roux (1850-1924), embriólogo alemán quién, en 1885, cultivó células de embrión de pollo en solución salina durante días. Con este experimento, demostró que las células embrionarias podían sobrevivir sin requerir la presencia de un organismo que las mantuviera vivas en su interior. Esto llevó a que, en el siglo XX, se desarrollara esta técnica con el fin de dar una explicación a los procesos fisiológicos, destacando en este aspecto, los trabajos del zoólogo americano Ross Granville Harrison (1870-1959) sobre cultivos de médula espinal embrionaria de anfibios para explicar la formación del axón de las neuronas.

Se considera a Ross Granville Harrison como el iniciador de los cultivos de tejidos animales. En 1909 un importante camino es el estudio de la célula viviente, cuando Harrison logró cultivar con éxito neuroblastos de rana en un medio linfático, se considera el primer cultivo celular verdadero en sentido moderno, y permitió dilucidar la controversia suscitada entre varios anatomistas, quienes sostenían que las terminaciones nerviosas se originaban en la lámina basal, y el neurólogo Ramón y Cajal, quien opinaba que lo hacían a partir del cuerpo neuronal. El experimento de Harrison consistió en lo siguiente: aisló trozos de pared del tubo neural de un embrión de rana y los mantuvo en un coágulo linfático de un animal adulto, observando que las células crecían durante varios días y se iban diferenciando hasta formar fibras nerviosas

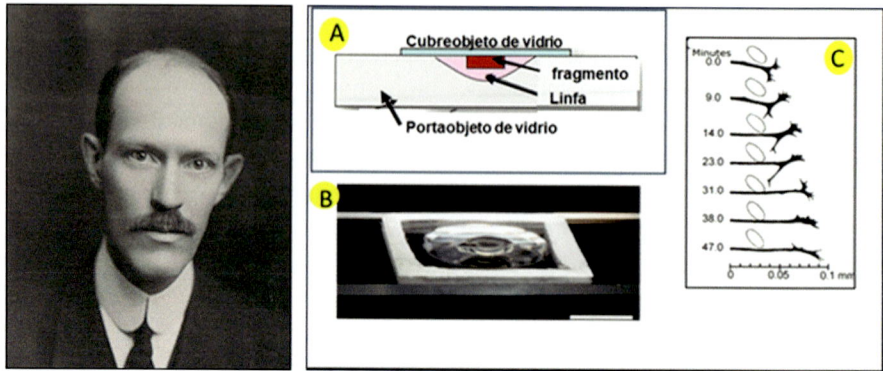

Figura 13. Ross Granville Harrison. a) un esquema del diagrama de la gota de linfa colgante, b) fotografía de la réplica de la gota de linfa colgante y c) dibujos de Harrison de la fibra nerviosa en el cultivo de la gota colgante de linfa.*

(Figura 13). Estos estudios de neurogénesis coincidieron con la hipótesis de Ramón y Cajal, al demostrar que las fibras solo se forman a partir de las neuronas, y no por la influencia de los tejidos circundantes, demostró que las células nerviosas de un embrión podían crecer y diferenciarse *in vitro*.

La primera limitación para el establecimiento de cultivos era lograr un medio nutritivo adecuado. Montrose Thomas Burrows (1884-1947) en 1910 empleó plasma de pollo para nutrir los explantes de tejidos embrionarios de pollo. Este medio se reveló mucho mejor que los anteriormente probados, lo que le permitió observar el crecimiento del tejido nervioso, corazón y piel. Burrows fue el primero en observar y describir la mitosis en células *in vitro*, y también fue él quien acuñó la denominación de «cultivo de tejido».

Alexis Carrel (1873-1944) introdujo las técnicas más novedosas, incorporando el extracto de embrión de pollo como estimulador del crecimiento celular, sustancia, cuyo uso, se hizo universal. Ideó, además, instrumentos especiales e inventó recipientes que llevan su nombre (Figura 14). Este «creador de técnicas», como él mismo, a veces, se denominaba, recibió el premio Nobel de Medicina en 1912, siendo el más joven de los sabios laureados hasta ese momento.

Otro mérito de Carrel fue haber conservado viva durante treinta años una línea celular de corazón de pollo. Este ensayo fue muy criticado por la comunidad científica; pues Carrel utilizaba como nutriente extracto embrionario, que presu-

---

* Fuentes: Autor Jeanne E. Bennett: <https://commons.wikimedia.org/wiki/File:Ross_Granville_Harrison_-_NLM-101417959.jpg>, Tomado y modificado de: Larry J. Millet, Martha U. Gillete. (2012). Over a century of neuron culture: From the Hanging drop to Microfluidic devices. Yale Journal of Biology and Medicine. 85(4), pp. 501-521.

 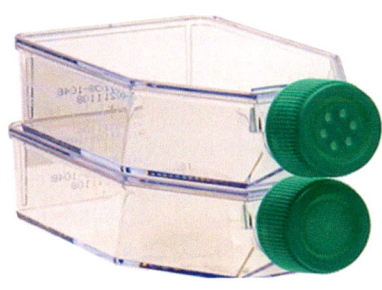

Figura 14. Alexis Carrel y frascos de cultivo celular.*

miblemente poseía células frescas que se multiplicarían hasta reemplazar totalmente al cultivo original, con lo cual era posible que la «inmortalidad» se debiera a este reemplazo. Quizá no se le ocurrió a Carrel pensar en esta posibilidad.

El aspecto nutritivo de los cultivos fue estudiado al mismo tiempo que Carrel por Warren Harmon Lewis (1870-1964) y Margaret Reed Lewis (1881-1970) en 1911, quienes realizaron una cuidadosa investigación de los efectos ejercidos por sales, aminoácidos, carbohidratos y otros compuestos sobre el desarrollo a corto plazo de células animales *in vitro*. Este enfoque, aunque produjo menos resultados espectaculares inmediatos en términos de prolongación del crecimiento y de diferencias observables en el modelo de desarrollo, fue, en teoría, más útil para llegar a comprender los procesos fisiológicos implicados. Los trabajos de Lewis y Lewis constituyeron el punto de partida para la elaboración de los llamados «medios sintéticos», que se utilizan actualmente en los cultivos celulares. En general, están compuestos a partir de sales minerales, aminoácidos y vitaminas, y esta composición varía de acuerdo con los diferentes tipos y requerimientos de las células empleadas.

Estos trabajos, fueron continuados y ampliados por Fischer (1939), White (1946), Morgan, Morton y Parker (1950), quienes introdujeron el ampliamente difundido medio de cultivo 199. Paralelamente, Eagle (1955) investigó las necesidades nutricias de las células de mamífero, desarrollando el medio que lleva su nombre.

---

* Fuentes: <https://es.m.wikipedia.org/wiki/Archivo:PSM_V81_D620_Alexis_Carrel.png>.

Otro progreso en los cultivos celulares consistió en la obtención de la primera línea celular establecida, también llamada línea celular continua, consistente en células adaptadas a un crecimiento indefinido en medio de cultivo, debida a Wilton R. Earle en 1940. Esta línea derivó de un cultivo de fibroblastos de tejido conjuntivo de ratón. Años más tarde, la gran contribución la realizó George Otto Gey (1899-1970), al desarrollar la primera línea celular establecida de células humanas, a partir de un carcinoma cervical (células Hela). La adquisición de la capacidad para proliferar indefinidamente en medio de cultivo representa una considerable ventaja para el investigador, pues permite la repetición de los bioensayos, al poder contar con células idénticas en forma permanente. Las células HeLa son un tipo particular de células de cultivo celular, usadas en investigación científica. Es el linaje celular humano más antiguo y utilizado con mayor frecuencia. El linaje al cual pertenecen estas células deriva de una muestra de cáncer cérvico-uterino obtenida el 8 de febrero de 1951 de una paciente llamada Henrietta Lacks (de allí el acrónimo He{nrietta} La{cks}) quien falleció el 4 de octubre de ese mismo año debido al cáncer. A diferencia de las células no cancerosas, las células HeLa pueden cultivarse en el laboratorio constantemente, de ahí que se haga referencia a ellas como «células inmortales».

Otro progreso fundamental fue la obtención de clones celulares a partir de una sola célula, trabajo realizado por primera vez por K. K. Sanford (1948) cuando formaba parte del equipo del Dr. Earle. Por medio de una técnica tediosa, empleando capilares de vidrio, logró aislar células individuales, que luego proliferaban formando cada una de ellas una cepa particular. Más tarde, este método fue reemplazado por otros como los desarrollados por A. Lwoff y R. Dulbecco.

Otro de los hitos fundamentales en el avance y generalización de las técnicas de cultivo, fue efectuado por A. Moscona (1952), usando la enzima proteolítica tripsina en la disociación de células. Rous y Jones (1916) emplearon por vez primera extractos enriquecidos en tripsina para disociar las células de embriones de pollo, estableciendo el primer cultivo celular. Uno de los mayores problemas que describen para el establecimiento de los cultivos celulares es la aparición de múltiples contaminaciones, por lo que desarrollaron numerosos métodos de manipulación en condiciones de asepsia que aún hoy día se utilizan. Entre los años 1920 y 1940 se desarrollaron diferentes estrategias de obtención de cultivos y de mantenimiento de las condiciones estériles, pero sin grandes avances. A partir de los años 40, con el aislamiento de los primeros antibióticos, se desarrollaron numerosas aplicaciones.

En 1948, Earle aisló células de la línea celular L y mostró que eran capaces de formar clones en el cultivo de tejidos. Demostró que para que una célula llegue a dividirse necesita ser alimentada con los nutrientes correctos.

En 1954, Rita Levi-Montalcini establece que el factor de crecimiento nervioso estimula el crecimiento de los axones en tejidos en cultivo. Este trabajo mereció el Premio Nobel para Levi-Montalcini en 1986.

A partir de 1956 comenzaron a prepararse vacunas virales gracias a las técnicas de cultivos celulares, evitándose de esta manera el sacrificio de animales para la producción y diagnóstico viral.

Durante la década del 60 se destacaron las investigaciones de L. Hayflick y P. S. Moorhead, orientadas a establecer la correspondencia existente entre la vida media de un organismo vivo y la de sus células *in vitro*. Estos autores comprobaron que células humanas, en condiciones de cultivo, solo llegaban a duplicar su población unas setenta veces, y luego iban perdiendo su capacidad de división y se extinguían. Al extender sus investigaciones a otras especies animales, comprobaron que la potencialidad de crecimiento *in vitro* de células de vertebrados era directamente proporcional a sus respectivos lapsos de vida media. Por ejemplo, células de tortugas de las Islas Galápagos superaron las doscientas duplicaciones en cultivo.

En 1965, Harris y Watkins produjeron los primeros híbridos de células de mamífero, fusionando víricamente células humanas y de ratón, años después en 1975, Georges Kohler fue como becario al laboratorio de César Milstein en Cambridge y con los aportes de J. C. Howard y G. Buscher, logran los anticuerpos monoclonales. Por este hallazgo recibieron el premio Nobel de Medicina en 1984. Un año después G. Sato y colaboradores publican el primero de una serie de trabajos demostrando que, para crecer células en un medio de cultivo sin suero, las líneas celulares requieren mezclas diferentes de hormonas y de factores de crecimiento. Este investigador ya destacaba por los cultivos celulares, años atrás juntamente con Augusti establecieron líneas de células nerviosas tumorales de ratón (neuroblastoma) y aislaron clones que eran excitables eléctricamente y producían prolongaciones nerviosas.

Los comienzos de la década del ochenta se caracterizaron por el desarrollo de técnicas tendientes a la incorporación de genes dentro del genoma celular. Wingler y Axel presentaron métodos para introducir genes humanos de copia única en el núcleo de células cultivadas. En 1991, Sasaki y colaboradores lograron introducir genes en una línea de células murinas, por congelación rápida en nitrógeno líquido. Los cristales de hielo intracelulares formados produjeron fracturas en la membrana de las células permitiendo la penetración de los genes. Este método se diferencia de la electroporación, que es un procedimiento que provoca un aumento en la conductividad eléctrica y la permeabilidad de la membrana plasmática celular mediante un campo eléctrico aplicado externamente.

En la actualidad el uso de cultivos celulares se ha extendido en diferentes campos como: la medición de los efectos de fármacos, ingredientes activos y compuestos tóxicos en las células; en la mutagénesis y carcinogénesis; en el desarrollo y detección de fármacos; y la fabricación a gran escala de compuestos biológicos como vacunas o proteínas terapéuticas. La principal ventaja del uso de cultivos celulares en cualquiera de estas aplicaciones es la consistencia y reproducibilidad de los resultados que pueden ser obtenidos.

6.3. RELACIÓN DE CROMOSOMAS Y GENES

El siglo XX también se ve favorecido por los estudios de la herencia y la bioquímica, en 1903 el americano Walter Stanborough Sutton (1877-1916) dedujo que los cromosomas son la base de la herencia, y que la reducción de los cromosomas en la meiosis está directamente relacionada con las leyes de herencia de Mendel.

Sutton hizo sus observaciones utilizando células de saltamontes, *Brachystola magna*, en la que los cromosomas meióticos masculinos son particularmente grandes y claros. Su artículo, en 1902, mostró claramente que cada cromosoma es diferente, y la meiosis reduce el número de cromosomas en los gametos. El artículo de 1903 de Sutton, The Chromosomes in Heredity, resumió y discutió la importancia de sus conclusiones. El documento confirmó aún más fuertemente la conexión entre las leyes de herencia de Mendel y los cromosomas.

En el año de 1908 el inglés Archibald Edward Garrod (1857-1936), fue el primero en establecer una conexión entre genes y la bioquímica del cuerpo humano. Garrod trabajó con pacientes que tenían enfermedades metabólicas y observó que estas enfermedades solían venir de familia. Se enfocó en pacientes que tenían lo que hoy llamamos alcaptonuria. Este es un trastorno no fatal en el que la orina de una persona se vuelve negra porque no puede degradar una molécula llamada alcaptón (que, en personas normales sin el trastorno, se degrada en otras moléculas incoloras). Al examinar los árboles genealógicos de personas con este trastorno, Garrod encontró que la alcaptonuria mostraba un patrón hereditario recesivo, similar a los patrones que Mendel había observado en sus plantas de guisantes. A Garrod se le ocurrió la idea de que los pacientes con alcaptonuria podrían tener un defecto metabólico en la degradación del alcaptón y que el defecto podría ser causado por la forma recesiva de uno de los factores hereditarios de Mendel (es decir, un alelo recesivo de un gen).

Garrod nombró esto como «error innato del metabolismo» y encontró otras enfermedades que mostraban patrones similares. A pesar de que ni Garrod ni nadie más de la época entendía completamente la naturaleza del gen, Garrod es considerado el «padre de la genética química» ya que fue el primero que relacionó los genes con enzimas que desempeñan reacciones metabólicas.

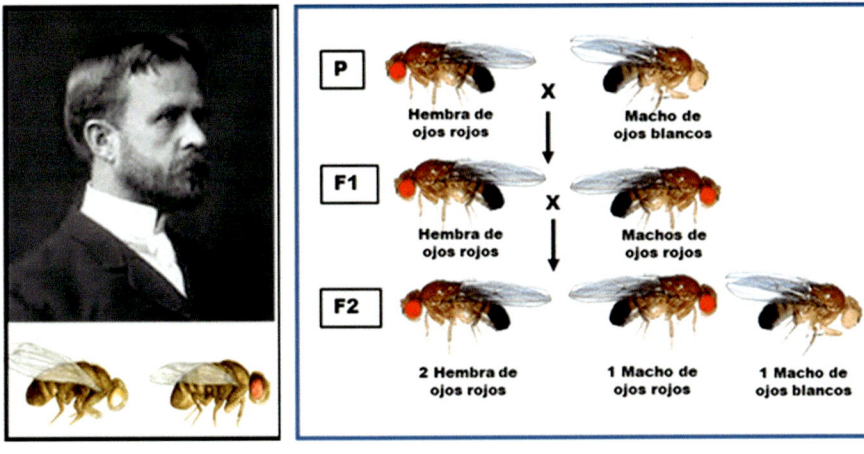

Figura 15. Thomas Hunt Morgan y sus experimentos con *Drosophila melanogaster* en la transmisión del carácter de ojos blancos.*

En 1909 Thomas Hunt Morgan (1866-1945) trabajó intensamente en un programa de reproducción y cruce de miles de moscas de la fruta (*Drosophila melanogaster*) la cual posee 4 pares de cromosomas. Uno de esos pares se identificó como conteniendo cromosomas sexuales X y Y. Aplicó los principios mendelianos en las moscas. Morgan observó una mosca de la fruta con una mutación extraña a la que llamó «ojos blancos».

Un macho de estas moscas de ojos blancos fue apareado con una hembra de ojos rojos y toda la F1 presentó ojos rojos. Pero cuando las moscas F1 se cruzaron entre ellas, algo extraño ocurrió: todas las moscas F2 hembra eran de ojos rojos, mientras que cerca de la mitad de las moscas F2 macho eran de ojos blancos (Figura 15).

Morgan reconoció la presencia de los cromosomas sexuales y de lo que se conoce en genética como «herencia ligada al sexo». Demostró que los factores mendelianos (los genes) se disponían de forma lineal sobre los cromosomas. Los experimentos realizados por Morgan revelaron también la base genética de la determinación del sexo. Morgan continuó sus experimentos y demostró en su *Teoría de los genes* que los genes se encuentran unidos en diferentes grupos de encadenamiento, y que los alelos (pares de genes que afectan al mismo carácter) se intercambian o entrecruzan dentro del mismo grupo. Así, se asociaron por primera vez los cromosomas con los genes y se determinó que estos últimos se comportaban de acuerdo con el comportamiento de los cromoso-

---

* Fuente: <https://commons.wikimedia.org/wiki/File:Thomas_Hunt_Morgan.jpg>.

mas durante la meiosis. Esto es lo que se conoce como la teoría cromosómica de la herencia, la cual dice que los genes estaban en los cromosomas, y que, por lo tanto, los genes que se encontraban en el mismo cromosoma tienden a heredarse juntos, proponiendo para ellos el término «genes ligados». Según Morgan, los genes están en los cromosomas, su disposición es lineal, uno detrás de otro, y mediante el entrecruzamiento de las cromátidas homólogas se produce la recombinación genética.

Thomas Hunt Morgan fue galardonado con el Premio Nobel de Fisiología y Medicina en 1933 por la demostración de que los cromosomas son portadores de los genes, lo que se conoce como la teoría cromosómica de Sutton y Boveri. Gracias a su trabajo, *Drosophila melanogaster* se convirtió en uno de los principales organismos modelo en Genética.

6.4. AVANCES EN LA ESTRUCTURA DEL DNA EN EL SIGLO XX

El siglo XX empezó con grandes avances en la investigación del DNA. El bioquímico Phoebus Aaron Theodore Levene (1869-1940), trabajó con el médico Kossel contribuyendo al descubrimiento de las bases (adenina, citosina, guanina, timina y uracilo); la ribosa (1909); desoxirribosa (1929) y el grupo fosfato. Él llamó por primera vez a la molécula nucleótido y estableció de qué manera estaban unidos. Levene demostró que la pentosa que aparecía en la nucleína de levadura era ribosa, pero tuvo que esperar hasta 1929 para identificar como desoxirribosa la pentosa aislada del timo de los animales. Esta diferencia le hizo proponer que la nucleína de los animales era el nucleato de desoxirribosa hoy en día llamado «ácido desoxirribonucleico» o DNA, mientras que los vegetales contenían nucleato de ribosa ácido ribonucleico o RNA. Levene tuvo mucho peso en la química de los ácidos nucleicos, a pesar de que pronto se demostrara que era incorrecta su propuesta de que los cromosomas vegetales eran de RNA y los animales de DNA. Fruto de sus trabajos, propuso en 1926 un modelo para la conformación de los ácidos nucleicos: el tetranucleótido plano, siendo un error, y un lastre en el desarrollo de la Biología Molecular.

En 1938 William Thomas Astbury (1898-1961) y Florence Ogiluy Bell (1913-2000), de la Universidad de Leeds, proponen que el DNA debe de ser una fibra periódica, al encontrar un espaciado regular de 0,33 nm a lo largo del DNA mediante estudios preliminares de difracción por rayos X. En aquel momento Astbury veía que las bases estaban apiladas a 0,33 nm unas de otras, y perpendiculares al eje de la molécula; de hecho, era la distancia que separaba los tetranucleótidos. Astbury siguió trabajando desde el punto de vista estructural sobre proteínas fibrosas, como las queratinas, en lana. Su preocupación por la estructura de las moléculas hizo que consiguiera en 1945 la primera cátedra de Estructura Biomolecular; además fue el primer científico en denominarse «biólogo molecular» aprovechando que el término biología molecular había sido acuñado en 1938 por Warren Weaver (1894-1978), matemático y director del departamento de ciencias naturales de la Fundación Rockefeller, que trabajaba sobre la «visión molecular de la vida». Estas coincidencias llevan a muchos autores a proponer que el nombramiento de Astbury marca el nacimiento de la biología molecular como área de conocimiento independiente, tal cual la conocemos hoy: «La biología molecular es el dominio de la biología que busca explicaciones a las células y organismos en términos de estructura y función de moléculas»; las moléculas más frecuentemente analizadas son las macromoléculas del tipo proteínas, ácidos nucleicos y glúcidos, así como conjuntos moleculares del tipo membranas o virus. Este concepto de biología molecular llevó a una tendencia reduccionista de los problemas biológicos, favoreciendo que lo que se desarrollase en primer lugar fuera su vertiente estructuralista, cuyo objetivo era el conocimiento de la estructura atómica de las macromoléculas antes mencionadas y que coincidía en buena parte con la bioquímica estructural.

6.5. EXPERIMENTOS QUE DEMUESTRAN QUE EL DNA ES LA MOLÉCULA RESPONSABLE DE LA HERENCIA

Más adelante analizaremos cómo nace la vertiente informacionista, cuyo objetivo era estudiar cómo la información se transfiere entre generaciones. Puesto que estudia cómo la información biológica se traduce en moléculas específicas, se solapa con la genética en muchos aspectos, y dio origen a la genética molecular.

Hermann Joseph Müller (1890-1967) en 1911 inició sus investigaciones en genética basadas en la cría experimental de la mosca de la fruta (*Drosophila melanogaster*), y trabajó en la mutación genética espontánea de estos insectos, descubriendo que las mutaciones naturales son anormales, dañinas y recesivas. Descubrió, en 1919, que el aumento de la temperatura incrementaba el número de mutaciones, lo cual no era el resultado de excitación general de los genes sino de los cambios a nivel molecular y submolecular. Se le ocurrió probar el efecto de los rayos X. Eran más energéticos que el calor normal y al incidir sobre un cromosoma tendría sin dudas un efecto sobre un punto determinado. Y es que Müller se dio cuenta de que la mayoría de las mutaciones eran peligrosas, al señalar que si se aumenta la frecuencia de las mutaciones habría un número demasiado grande de individuos imperfectos para que las especies pudieran sobrevivir. En 1948 recibió el Premio Nobel de Fisiología y Medicina por sus investigaciones sobre la acción de los rayos X como productores de mutación en las células. En 1913 el ayudante de Morgan Alfred Henry

Sturtevant (1871-1970), desarrolló una técnica para trazar la localización de los genes específicos de los cromosomas en la mosca *Drosophila*. Determinó que los genes se organizan en cromosomas de forma lineal, como las cuentas de un collar. También mostró que el gen para cualquier rasgo específico estaba en una ubicación fija.

Wilhelm Ludwig Johannsen (1857-1927), en 1909, utilizó por primera vez el término gen, que en griego significa «que origina». En 1911 utilizó también los términos genotipo y fenotipo, que en principio tuvieron un significado poblacional, no individual: el fenotipo era una descripción estadística de la aparición de caracteres entre una población; el término genotipo era una abstracción referida a los «linajes puros». Lamentablemente, las ideas de Garrod pasaron en gran parte inadvertidas en su tiempo. De hecho, fue solo después de que otros dos investigadores, George Wells Beadle (1903-1989) y Edward Lawrie Tatum (1909-1975), llevaron a cabo una serie de experimentos innovadores en la década de 1940, que el trabajo de Garrod fue redescubierto y apreciado. Beadle y Tatum trabajaron con un organismo sencillo: el moho del pan o *Neurospora crassa*. Con el uso de *Neurospora* fueron capaces de demostrar claramente la conexión entre genes y enzimas metabólicas. Sin embargo, al interesarse cada vez más por la conexión entre la genética y el metabolismo se dieron cuenta de que *Neurospora* podría ser más adecuada para responder las preguntas que le causaban curiosidad. Para empezar, *Neurospora* tenía un ciclo de vida rápido y conveniente que incluye fases haploides y diploides que facilitaban los experimentos genéticos.

Quizás de manera más importante, las células de *Neurospora* pueden crecer en el laboratorio en medios sencillos (líquidos o sólidos) cuya composición química se conocía al 100% y podía ser controlada por el experimentador. De hecho, las células pueden crecer en medio mínimo, una fuente de nutrientes con solo azúcar, sales y una vitamina (biotina). Las células de *Neurospora* pueden sobrevivir en este medio, mientras que muchos otros organismos como los seres humanos no pueden. Eso es porque *Neurospora* tiene vías bioquímicas que convierten el azúcar, las sales y la biotina en todos los demás componentes fundamentales que necesita la célula (como aminoácidos y vitaminas). Las células de *Neurospora* además crecen fácilmente en medio completo, el cual contiene el conjunto completo de aminoácidos y vitaminas. Simplemente no necesitan de medio completo para poder sobrevivir.

Si los genes estuvieran conectados con enzimas bioquímicas, Beadle y Tatum pensaron que debería ser posible inducir mutaciones, o cambios en los genes, que «descompusieran» enzimas específicas (y así vías específicas) que se necesitan para crecer en un medio mínimo. Una línea de *Neurospora* con dicha mutación crecería normalmente en un medio completo, pero perdería la capacidad de sobrevivir en un medio mínimo.

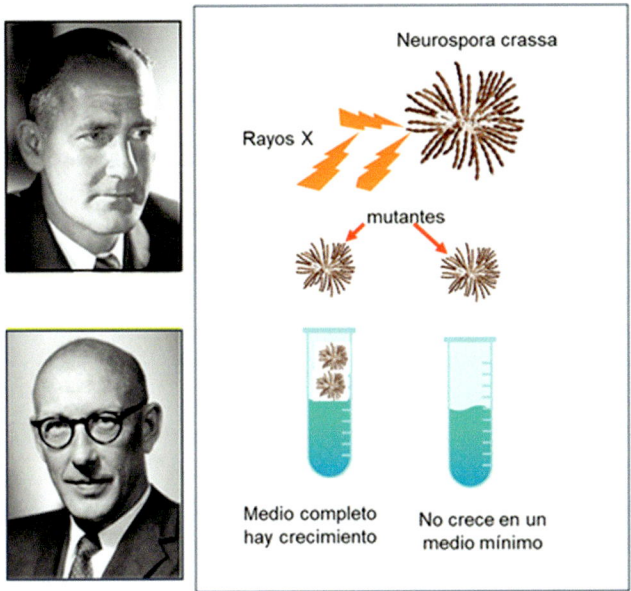

Figura 16. George Wells Beadle, Edward Lawrie Tatum y sus experimentos con mutantes de neurospora.*

Para encontrar mutantes como estos, Beadle y Tatum expusieron esporas de *Neurospora* a radiación (rayos X, UV o de neutrones) para generar nuevas mutaciones. Tomaron descendientes de las esporas irradiadas y las hicieron crecer individualmente en tubos de ensayo que contenían medio completo. Una vez que cada espora había establecido una colonia en crecimiento, una pequeña parte de la colonia se transfería a otro tubo que contenía medio mínimo.

La mayoría de las colonias creció en medio completo o bien en medio mínimo. Sin embargo, unas cuantas colonias crecieron normalmente en el medio completo, pero no pudieron crecer en el medio mínimo. Estas eran las mutantes nutricionales que Beadle y Tatum esperaban encontrar. En el medio mínimo, cada mutante moriría porque no podía hacer una molécula esencial en particular con los nutrientes mínimos. El medio completo «rescataría» a la mutante (le permitiría vivir) al proporcionar la molécula faltante, junto con una variedad de otras moléculas (Figura 16).

---

* Fuentes: <https://en.wikipedia.org/wiki/File:George_Wells_Beadle.jpg>, <https://commons.wikimedia.org/wiki/File:Edward_Lawrie_Tatum.jpg>.

Así, Beadle y Tatum relacionaron muchas mutantes nutricionales con vías biosintéticas de aminoácidos y vitaminas. Su trabajo produjo una revolución en el estudio de la genética y demostró que los genes individuales realmente estaban conectados con enzimas específicas.

El vínculo inicialmente descubierto entre los genes y las enzimas se denominó «un gen, una enzima». Esta hipótesis ha sufrido algunas actualizaciones importantes desde Beadle y Tatum. Aunque el concepto de «un gen, una enzima» no es del todo preciso, su idea central que un gen típicamente especifica una proteína en una relación uno a uno todavía es útil para los genetistas hoy en día.

El siguiente paso fue el estudio de la estructura química de los genes. Joshua Lederberg (1925-2008) y Edward Tatum demostraron en 1946 que los genes de las bacterias también pueden cambiar de una manera similar a la de la reproducción sexual observada en organismos más complejos. Las bacterias pueden atravesar una fase en la que dos bacterias intercambian material genético entre sí pasando fragmentos de DNA a través de una conexión similar a un puente. Joshua Lederberg también descubrió el fenómeno conocido como transducción, en el que el DNA se transfiere entre bacterias a través de bacteriófagos.

Edward Lawrie Tatum, George Wells Beadle y Joshua Lederberg, recibieron en 1958 el Premio Nobel de Fisiología o Medicina, por sus trabajos sobre los bloqueos metabólicos controlados por genes.

Desde el punto de vista químico el ácido desoxirribonucleico (DNA) era conocido desde 1868 cuando fue sintetizado por el suizo Friedrich Miescher, pero solo fue hasta 1944 que los genetistas como Avery, MacLeod y McCarty habían definido la existencia de los genes como unidades abstractas de herencia y demostraron que estaban constituidos por ácido desoxirribonucleico (DNA). En 1928, Frederick Griffith (1877-1941) descubrió lo que él llamó «principio de transformación», es decir lo que hoy en día se conoce como DNA. El «experimento de Griffith», que le hizo más famoso, tuvo lugar mientras investigaba una vacuna para prevenir la neumonía durante la pandemia de gripe que tuvo lugar tras la Primera Guerra Mundial. Para ello, usó dos cepas de la bacteria *Streptococcus pneumoniae* (mencionada de forma común como neumococo). La cepa S (cobertura lisa) contenía una cápsula de polisacáridos y era virulenta al ser inyectada, causando neumonía y matando a las cobayas en un día o dos. Esta cápsula permitía a la bacteria resistir los ataques del sistema inmune. Por su parte, la cepa R (cobertura rugosa) no era virulenta, y no causaba neumonía, porque carecía de cápsula. Del mismo modo, cuando la cepa S (virulenta) se calentaba para matarla, y se inyectaba en ratones, tampoco producía efectos adversos. Sin embargo, cuando se inyectaban bacterias muertas de la cepa S mezcladas con bacterias vivas de la cepa R, los ratones infectados (R/S) morían (Figura 17).

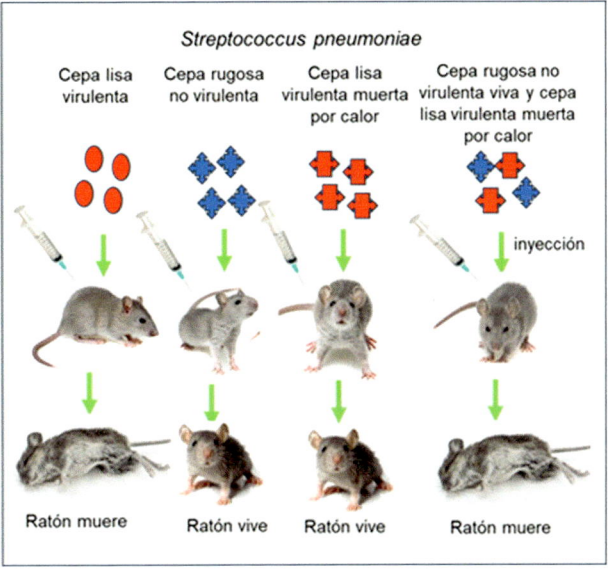

Figura 17. Frederick Griffith y su experimento con cepas de neumococos virulenta y no virulenta.*

Tras aislar la bacteria en la sangre de los ratones R/S, Griffith descubrió que la cepa R, anteriormente avirulenta, había adquirido cápsulas: las bacterias en la sangre de los ratones R/S eran todas de la cepa S, y mantenían su fenotipo a través de muchas generaciones. Griffith hipotetizó entonces la existencia de algún tipo de «principio de transformación» de las bacterias muertas de la cepa S, que hacía que las bacterias de la cepa R se transformarán también en S.

En 1944, tres investigadores Oswald Theodore Avery (1877-1955), Maclyn McCarty (1911-2005) y Colin Munro MacLeod (1909-1972), se propusieron identificar el «principio transformante» de Griffith. Para ello, comenzaron con grandes cultivos de células S muertas por calor, y mediante una larga serie de pasos bioquímicos (que se determinaron por cuidadosa experimentación), purificaron progresivamente el principio transformante al lavar, separar o destruir enzimáticamente los otros componentes celulares. Con este método, fueron capaces de obtener pequeñas cantidades de principio transformante altamente purificado, el cual podían luego analizar con otras pruebas para determinar su identidad.

---

* Fuente: Foto de F. Griffith: Coburn, Alvin F. http://profiles.nlm.nih.gov/CC/A/A/B/N/_/ccaabn_.jpg. From Wikimedia Commons.

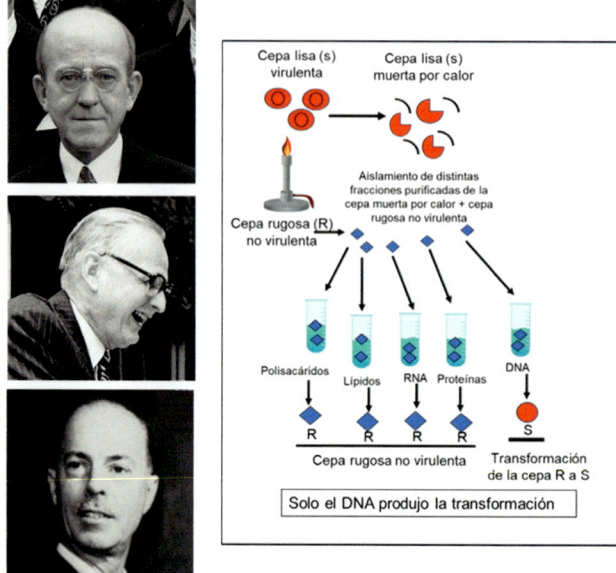

Figura 18. Oswald Theodore Avery, Maclyn McCarty, Colin Munro MacLeod y su experimento en que determinan que el DNA es el material hereditario.*

Varias líneas de evidencia les sugirieron a Avery y a sus colegas que el principio transformante podría ser el DNA.

La sustancia purificada dio un resultado negativo en las pruebas químicas conocidas para detectar proteínas, pero un resultado fuertemente positivo en un examen químico conocido para detectar DNA.

La composición elemental del principio transformante purificado era muy semejante a la del DNA en su proporción de nitrógeno y fósforo. Enzimas que degradan proteínas y RNA tenían poco efecto sobre el principio transformante, pero las enzimas capaces de degradar DNA eliminaban la actividad transformante (Figura 18).

Todos estos resultados apuntaban hacia el DNA como el probable principio transformante. Sin embargo, Avery fue cauteloso en la interpretación de sus resultados. Se dio cuenta de que era posible que alguna sustancia contaminante presente en pequeñas cantidades, y no el DNA, fuera el principio transformante real.

---

* Fuentes: <https://es.wikipedia.org/wiki/Oswald_Avery#/media/Archivo:Oswald_T._Avery_portrait_1937.jpg>, Autor Marjorie: <https://commons.wikimedia.org/wiki/File:Maclyn_McCarty_%2820e_eeuw%29.jpg>, <https://commons.wikimedia.org/wiki/File:ColinMacCleod.jpg>.

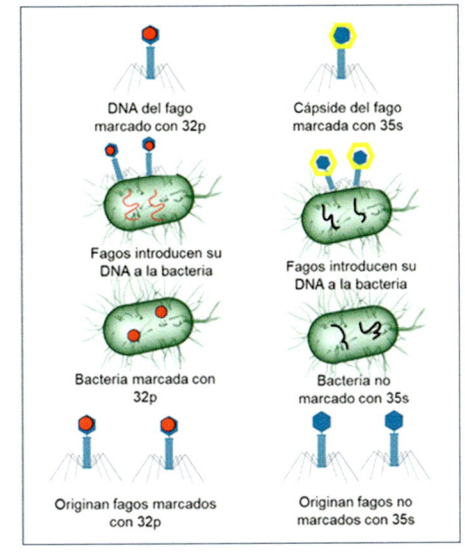

Figura 19. Martha Chase, Alfred Day Hershed y su experimento con fagos marcados con isótopos radiactivos (35S y 32P).*

Debido a esta posibilidad, el debate sobre el papel del DNA continuó hasta 1952, cuando Alfred Day Hershey (1908-1997) y Martha Chase (1927-2003) utilizaron un enfoque diferente para identificar concluyentemente al DNA como el material genético.

En sus experimentos, Hershey y Chase estudiaron bacteriófagos, virus que atacan bacterias. Los fagos que utilizaban eran simples partículas compuestas de proteína y DNA, con sus estructuras externas hechas de proteínas y el interior compuesto por DNA.

Hershey y Chase sabían que los fagos se unían a la superficie de una célula bacteriana huésped e inyectaban alguna sustancia (ya sea DNA o proteínas) en el huésped. Esta sustancia daba «instrucciones» que causaban que la bacteria hospedadora comenzara a producir muchos fagos, es decir, este era el material genético del fago. Para establecer si el fago inyectaba DNA o proteína en las bacterias, Hershey y Chase prepararon dos lotes diferentes de fagos. En cada lote, el fago se produjo en presencia de un elemento radiactivo específico que se incorporó a las macromoléculas (ya sea de DNA y proteínas) que componían el fago.

---

* Fuente: Autor Rohit Kumar Sengupta: <https://commons.wikimedia.org/wiki/File:Scientist_Alfred_Hershey_and_Martha_Chase.jpg>.

En un primer experimento, marcaron el DNA de los fagos con el isótopo radioactivo fósforo-32 (P-32). El DNA contiene fósforo, a diferencia de los 20 aminoácidos que forman las proteínas. Dejaron que los fagos del cultivo infectaran a las bacterias *Escherichia coli* y posteriormente retiraron las cubiertas proteicas de las células infectadas mediante una licuadora y una centrífuga. Hallaron que el indicador radiactivo era visible solo en las células bacterianas, y no en las cubiertas proteicas.

En un segundo experimento, marcaron los fagos con el isótopo radiactivo azufre-35 (S-35). Los aminoácidos cisteína y metionina contienen azufre, a diferencia del DNA. Tras la separación, se halló que el indicador estaba presente en las cubiertas proteicas, pero no en las bacterias infectadas, con lo que se confirmó que es el material genético lo que infecta a las bacterias. Hershey y Chase encontraron que el S-35 queda fuera de la célula mientras que el P-32 se lo encontraba en el interior, indicando que el DNA era el soporte físico del material hereditario (Figura 19).

El trabajo de estos investigadores proporcionó fuerte evidencia de que el DNA era el material genético. Sin embargo, todavía no estaba claro cómo una molécula aparentemente tan simple podría codificar la información genética necesaria para construir un organismo complejo.

6.6. INVESTIGACIONES QUE PERMITIERON CONOCER LA ESTRUCTURA DEL DNA

Investigaciones adicionales de muchos científicos, como Erwin Chargaff, James Watson, Francis Crick y Rosalind Franklin, llevó al descubrimiento de la estructura del DNA, que aclaró cómo es que el DNA puede codificar grandes cantidades de información.

Debido a que la mayoría de los problemas biológicos eran prácticamente inaccesibles a la experimentación directa, muchos físicos, sobre todo físicos nucleares, se interesaron por ellos, y su incorporación fue determinante para el desarrollo de la biología molecular. En 1945 William Astbury (1898-1961) fue nombrado profesor de la estructura biomolecular y el físico cuántico Erwin Schrödinger (1887-1961) publica el libro *¿Qué es la vida?*, que para muchos autores es más importante para el desarrollo de la biología molecular que el nombramiento de William Astbury. El libro de Schrödinger indica que las leyes de la física son inadecuadas para explicar las propiedades del material genético y, en particular, su estabilidad durante innumerables generaciones. La concepción vital expresada por el físico en su obra se basa en dos supuestos: en el primero se concibe al cromosoma como «un cristal aperiódico capaz de almacenar información y memoria». En el segundo, se establece que «los organismos mantienen su orden minimizando su entropía, alimentándose de entropía negativa o del orden preexistente en el entorno». Una de las primeras consecuencias de que los físicos comiencen a considerar los problemas biológicos la tenemos en el desarrollo de la cristalografía mediante difracción de rayos X sobre material biológico. La cristalografía daba buenos resultados con moléculas pequeñas, pero con macromoléculas biológicas los resultados eran todavía imprecisos. A comienzos de los años treinta, el bioquímico James Batcheller Sumner (1877-1955) había demostrado que era posible cristalizar proteínas. Su trabajo pasó desapercibido hasta que lo retomó otro bioquímico, John Howard Northrop (1891-1987), para obtener los primeros cristales de enzimas, lo que valió a ambos el Nobel en 1946. Esos trabajos permitieron que Astbury pudiera analizar por difracción proteínas y DNA. Pero esta vertiente estructuralista de la biología molecular llega a una de sus cumbres cuando la técnica se perfecciona, y en 1951, los físicos Linus Carl Pauling (1901-1994) y Robert B. Corey descubren la estructura de la hélice alfa de las proteínas gracias a los análisis con difracción de rayos X, lo que lo llevó a acercarse al descubrimiento de la doble hélice del ácido del DNA (ácido desoxirribonucleico), poco antes de que Rosalind Franklin (1920-1958), James Dewey Watson (1928-) y Francis Crick (1916-2004) hicieran el descubrimiento en 1953.

Linus Carl Pauling recibió el premio Nobel de Química en 1954 por sus descubrimientos en la naturaleza de los enlaces químicos y la estructura molecular de la materia, aplicando la mecánica cuántica, es decir, el marco teórico que permitió a los físicos entrar en el mundo subatómico.

El modelo del tetranucléotido plano empieza a ponerse en entredicho seriamente cuando en 1950 Erwing Chargaff (1905-2002), descubre las leyes complementarias de bases de los ácidos nucleicos. La ley de Chargaff se basa en la relación cuantitativa de los nucleótidos que forman la doble hélice del ácido desoxirribonucleico (DNA), establece que la cantidad de adenina (A) es igual a la cantidad de timina (T) y la cantidad de guanina (G) es igual a la cantidad de citosina (C), es decir, el número total de bases purinas es igual al número total de bases pirimidinas (A+G = C+T); sin embargo, existen diferencias en lo que respecta a la relación AT/CG, comparando el DNA de un organismo eucariota con uno procariota. La complementariedad y la composición variable eran difícilmente explicables con el modelo del tetranucleótido.

Uno de los golpes definitivos al modelo del tetranucleótido lo asentó Alexander Robertus Todd (1907-1997) en 1950, al demostrar que los enlaces fosfoesteres en el DNA son perfectamente normales, por lo que propuso una estructura lineal y no cíclica para el DNA. Se empezaron a acumular demasiados resultados que el modelo del tetranucleótido no explicaba.

En 1950 Oliver Smithies (1925-2017) inventó un método muy barato y extraordinariamente eficaz para la separación de proteínas denominado «electroforesis en gel». Inicialmente usaba jalea de almidón de patata. Creando una diferencia de potencial en este gel las proteínas se desplazan a distintas velocidades, mecanismo muy eficaz para su separación y aislamiento. La «electroforesis en gel» es una técnica muy utilizada hoy día en investigación básica.

Mientras tanto en 1951 Barbara McClintock (1902-1992) se adelantó a su época al proponer la existencia de elementos genéticos móviles en el genoma del maíz, que solemos llamar transposones. La investigadora fue la primera en probar la existencia de elementos genéticos que modifican su posición en un cromosoma y que pueden provocar la activación de genes en su nueva localización. Los hallazgos de McClintock mostraban que el material genético es mucho más complejo y flexible de lo que mayoritariamente se asumía en su época: no se trata de una entidad estática sino de una estructura dinámica con una asombrosa capacidad para reorganizarse a sí misma. Según la investigadora, la transposición forma parte de uno de los sucesos fundamentales del desarrollo de los organismos multicelulares, de tal forma que algunas de las diferencias existentes entre las células individuales y los tejidos podían deberse a reorganizaciones genéticas generadas por elementos móviles. Esto le valió el Nobel en 1983, con 32 años de retraso después de haber comunicado sus hallazgos, ya que no se consideró que sus resultados fueran fiables hasta que en 1960 François Jacob y Jacques Monod descubrieron elementos similares en bacterias, fue entonces cuando se reconoció la importancia de la investigación de McClintock.

Sin que haya un registro histórico evidente, entre 1950 y 1953 la mayor parte de la comunidad científica empieza a admitir que el material genético es el DNA, por lo que comienza una nueva ola de experimentos dedicados a conocer su estructura real. A comienzos de los años cincuenta, la química-física Rosalind Elsie Franklin (1920-1958) estudió la estructura del DNA mediante difracción de rayos X. Así encontró que el DNA podía hallarse en dos formas helicoidales distintas con los fosfatos hacia el exterior (las formas que hoy conocemos con DNA-A y DNA-B).

Rosalind Franklin realizó una estancia de tres años (1947-1950), en París, aprendió la técnica de difracción de Rayos X y dominó esta técnica con gran destreza. Interpretó diagramas de carbones duros y grafitos. Mejoró los métodos de difracción de rayos X para la determinación de estructuras de sustancias más grandes y complejas, y desarrolló análisis matemáticos adecuados. Se convertiría en una experta a nivel mundial y aplicaría, pocos años más tarde, a la molécula del DNA, y en 1951, vuelve a Inglaterra, y consigue una plaza en el King's College de Londres. Allí, John Randall, el director del departamento, le encarga el estudio de la estructura del DNA. La llegada de Franklin suponía una excelente aportación para ese campo. También se encuentra ahí Maurice Wilkins, quien había logrado aplicar la técnica a moléculas que no

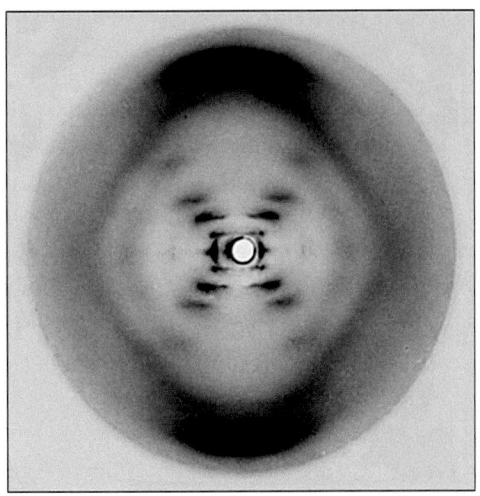

Figura 20. Rosalind Franklin y su fotografía número 51 del DNA.*

estaban cristalizadas. Wilkins, había obtenido algunas fotos de la molécula de DNA por difracción de rayos X. Aunque estas eran de más calidad que las disponibles hasta entonces, aún no tenían toda la nitidez deseada, y por eso se había contratado a Franklin como especialista en técnicas cristalográficas. Franklin y Wilkins no sintonizaron desde que se conocieron, surgiendo una animosidad personal entre ambos. No fueron capaces de colaborar entre sí, pues se mostraron siempre poco flexibles. Su estancia allí no fue del todo cómoda prevalecía un panorama machista de la ciencia inglesa. Trabajó muy sola, únicamente con el becario que le asignaron, Raymond Gosling.

Franklin junto a su estudiante de doctorado, Raymond Gosling, en poco tiempo consiguió fotografías del DNA con una nitidez que no se había alcanzado antes. La más famosa de ellas, la conocida como Fotografía 51 de la forma B del DNA, en mayo de 1952, la foto mostraba claramente que la forma B del DNA era una hélice con una repetición axial de 34 Å (3,4 nm) y un espaciado entre los nucleótidos de 3,4 Å (0,34 nm) mostraba con claridad una doble hélice y que la hélice estaba constituida por dos cadenas (Figura 20). Teniendo en cuenta su deducción sobre la localización de los fosfatos hacia el exterior de las cadenas de la doble hélice, disponía en esa época de dos de los cuatro puntos vitales para establecer la estructura molecular del DNA. Los

---

* Fuentes: Autor CSHL: <https://commons.wikimedia.org/wiki/File:Rosalind-franklin-in-paris.jpg>, Autor Raymond Gosling/King's College London: <https://en.wikipedia.org/wiki/File:Photo_51_x-ray_diffraction_image.jpg>.

otros dos que faltaban eran el apareamiento complementario entre las bases y que las dos cadenas eran antiparalelas. Franklin no estaba tan lejos de elucidar la estructura del DNA. Sin embargo, Watson y Crick recibieron mucha más ayuda de la investigadora de la que ella nunca sospechó.

En 1953, su compañero Maurice Wilkins mostró sin consentimiento todos los datos de la investigadora a James Watson, un bioquímico de la Universidad de Cambridge. Esta información proporcionó a Watson y a su colega Francis Crick una de las últimas piezas que necesitaban para demostrar la estructura helicoidal del DNA. Tras la traición, y cansada de menosprecios en una institución con marcado carácter machista, Rosalind dejó el King's College y dedicó los siguientes años a investigar el virus del mosaico del tabaco y el virus de la polio.

Pero en 1956 le diagnostican cáncer de ovario, quizá provocado por la excesiva exposición a radiaciones durante sus investigaciones con rayos X. Todavía trabajó durante otros dos años, y en 1958 murió de cáncer a los 37 años, sin llegar a imaginar que su trabajo sería una de las mayores contribuciones a la biología molecular y la base para establecer la secuencia completa del genoma humano.

La clave de la doble hélice del DNA la propusieron el bioquímico y genetista americano James Dewey Watson (1928-*) y el físico, biólogo molecular y neurocientífico británico Francis Harry Compton Crick (1916-2004) empezaron a relacionar toda la información disponible sobre el DNA. Además de los datos de Franklin, usaron las reglas de Chargaff, que había mostrado que la proporción relativa entre parejas de bases de purinas y pirimidinas de la molécula de DNA (A-T y G-C) era 1:1. Después de varias charlas sobre este asunto con el matemático John Griffith, que realizó unos cálculos de las interacciones puestas en juego, Crick comprendió que la fuerza de atracción se producía entre bases complementarias y no entre bases semejantes. En la primavera de 1953, Watson y Crick construyeron el modelo que resolvería la estructura del DNA (Figura 21). Propusieron una estructura que respondía a la mayoría de las cuestiones planteadas. Esta consistía en dos cadenas antiparalelas; el esqueleto azúcar-fosfato dispuesto hacia el exterior, mientras que las bases nitrogenadas estaban proyectadas hacia el interior; y, por último, las dos cadenas unidas por puentes de hidrógeno entre bases nitrogenadas complementarias enfrentadas (A-T y G-C). Franklin dio por correcto este modelo, pero no supo nunca que Watson y Crick habían tenido acceso a sus resultados sin publicar. Lo único que ella creyó haber proporcionado fue lo que expuso en el seminario de 1951. Es justo, pues, enfatizar que Franklin tuvo un papel importante en la elucidación de la estructura del DNA.

Las conclusiones de Watson y Crick fueron publicadas poco después en un artículo titulado *Una estructura para el ácido desoxirribonucleico* en la

 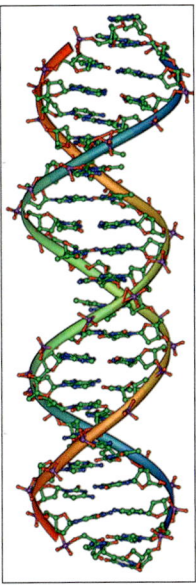

Figura 21. James Dewey Watson, Francis Harry Compton Crick y el modelo de la estructura del DNA.*

revista *Nature*, el 25 de abril de 1953, describen lo que hoy se conoce como DNA-B, el posible modelo de replicación del DNA, y sus mutaciones. La elucidación de la estructura del DNA es uno de los descubrimientos esenciales para la biología molecular y, en general para la ciencia de este siglo. Watson, Crick y Wilkins reciben el Nobel en 1962. La gran aportación de Rosalind Franklin en el descubrimiento no fue reconocida hasta pasada su muerte, llamándola la dama oscura del DNA. El Nobel a Watson y Crick fue objeto de controversia, porque se habían limitado a recopilar información de otros, sin aportar nuevos datos. A su favor está el que la doble hélice abrió un nuevo camino no solo a la biología molecular, sino a toda la biología, y que su modelo luego ha sido confirmado plenamente por otros investigadores. Por su lado, Francis Crick ha demostrado ser un gran científico, ya que con el modelo de la doble hélice también propuso la existencia de la tautomería y la replicación semiconservativa del DNA; en 1955 propuso que para que el RNA sintetice proteínas debe existir una molécula acopladora de los aminoácidos a la secuencia de ácidos nucleicos, modelo luego confirmado plenamente por otros

* Fuentes: Autor Marjorie McCarty: <https://commons.wikimedia.org/wiki/File:James_D_Watson_and_Francis_Crick.jpg>, Autor Mushii: <https://commons.wikimedia.org/wiki/File:DNA_Overview-es.png>.

investigadores. Lo que Paul Berg (1926-*) comprobó que era el tRNA al año siguiente: un RNA que «transfería» el aminoácido correcto, y de ahí el nombre de RNA de transferencia; en 1956 propuso el dogma central de la Biología Molecular: que, en palabras del propio Crick, «el DNA dirige su propia replicación y su transcripción para formar RNA complementario a su secuencia; el RNA es traducido a aminoácidos para formar una proteína»; en 1957 propone que el código genético ha de leerse en tripletes que no se solapan ni puntúan (lo demostró en 1961, junto a Sidney Brenner); y en 1966 propone la hipótesis del titubeo (wobble) del tRNA al leer el mRNA. Como vemos, toda una serie de hipótesis que se han validado posteriormente.

A comienzos de los años cincuenta, Paul Zamecnik (1912-2009), demuestra que la síntesis de proteínas ocurría en unas partículas intracelulares compuestas de ácido ribonucleico y proteínas, por lo que posteriormente fueron bautizadas como ribosomas.

La biología molecular nace formalmente en 1953, con la publicación del modelo estructural del ácido desoxirribonucleico DNA por James Watson, Maurice Wilkins, Rosalind Franklin y Francis Crick, y con ello una etapa en la historia de la biología. Desde ese momento se empieza a acumular una serie de conocimientos que han permitido alcanzar una imagen más clara, más molecular del funcionamiento de la célula viva, en especial de la estructura de su material genético.

6.7. LOGROS CIENTÍFICOS Y TECNOLÓGICOS DEL SIGLO XX

En 1956, Arthur Kornberg (1918-2007) se dedicó principalmente al estudio de las enzimas, campo en el que realizó un descubrimiento de importancia crucial. Se trataba de la purificación de la enzima *E. coli*, denominada en la actualidad DNA polimerasa I, a partir de las moléculas de nucleótidos, en ausencia de células vivas. Junto con sus colaboradores, a partir de la DNA polimerasa I, sintetizó *in vitro* una molécula inactiva y químicamente exacta de ácido desoxirribonucleico (DNA), que es el constituyente básico de los genes.

Por estas investigaciones recibió el Premio Nobel de Fisiología y Medicina de 1959, que compartió con el científico español Severo Ochoa (1905-1993). Años después, en 1967, dirigió un equipo de investigadores en la Universidad de Stanford que logró sintetizar DNA en estado biológicamente activo. Sus trabajos permitieron una mejor comprensión de los mecanismos de duplicación de los ácidos nucleicos.

Así, en 1958 Samuel B. Weiss (1926-1997) describe la síntesis del RNA por una RNA polimerasa dirigida por DNA. La replicación semiconservativa del DNA propuesta por Watson y Crick es confirmada experimentalmente por

Mathew Stanley Meselson (1930-*) y Franklin Stahl (1910-*) en 1957. Una replicación semiconservativa es aquella en que la cadena de dos filamentos en hélice del DNA se replica de forma tal que cada una de las dos cadenas de DNA formadas consisten en un filamento proveniente de la hélice original y un filamento nuevo sintetizado. Aunque Meselson y Stahl hicieron sus experimentos en la bacteria *E. coli*, hoy en día sabemos que la replicación semiconservativa del DNA es un mecanismo universal que comparten todos los organismos.

En 1961, Francois Jacob (1920-2013) y Jaques Monod (1910-1976) exploraron la idea de que el control de los niveles de expresión de enzimas en las células es el resultado de la retroalimentación sobre la transcripción de secuencias de DNA. Sus experimentos e ideas impulsaron el campo emergente de la biología molecular del desarrollo y de la regulación transcripcional en particular. Con la determinación anterior de la estructura y la importancia central de DNA, se hizo evidente que todas las proteínas se producían en algún modo a partir de su código genético, y que este paso podría formar un punto de control clave. Jacob y Monod hicieron descubrimientos experimentales y teóricos clave que demostraron que en el caso del sistema de lactosa en la bacteria (*Escherichia coli*), hay proteínas específicas que se dedican a la represión de la transcripción del DNA a RNA, impidiendo a su vez que se decodifique en la proteína.

Jacob y Monod extendieron este modelo represor a todos los genes de todos los organismos. La regulación de la actividad de los genes se ha convertido en una gran subdisciplina de la biología molecular.

Este sistema brindó el primer ejemplo de un mecanismo de regulación transcripcional. También sugirió la existencia de moléculas de RNA mensajero, las cuales decodifican la información codificada en el DNA y las proteínas. En 1965 reciben el premio Nobel de Fisiología François Jacob, André Lwoff y Jacques Monod, por sus descubrimientos sobre el control genético de la síntesis de enzimas y virus.

A comienzos de la década de 1970 ya está más que claro que los problemas biológicos pueden y deben ser explicados desde un punto de vista molecular. En esta época se incorpora el método experimental que venía aplicándose a la biología molecular y que sigue aplicándose en la actualidad: las únicas hipótesis válidas son las que se pueden verificar experimentalmente. Esto conllevó un olvido, al menos temporal, de los métodos de observación y descripción estructurales que habían sido prevalentes durante el siglo XIX y el comienzo del XX.

En 1970 Günther Blobel (1936-2018) formuló, la hipótesis de la existencia de una señal intrínseca en las proteínas recién sintetizadas, una señal que era esencial para atravesar el retículo endoplásmico. En 1975, Blobel descri-

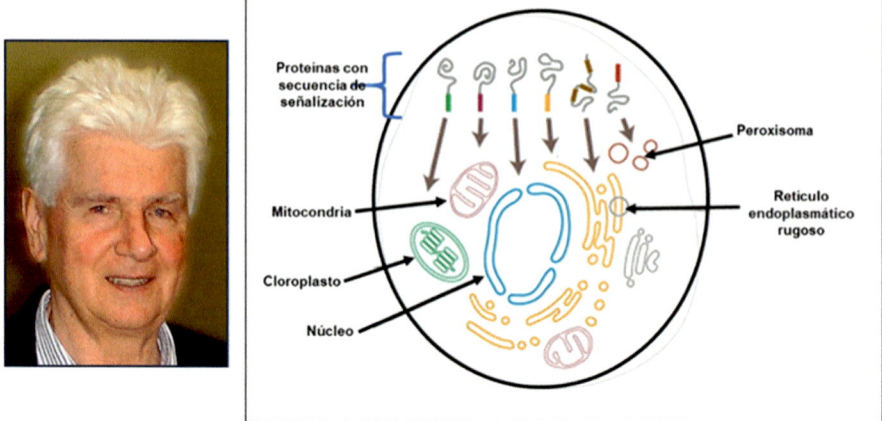

Figura 22. Günter Blobel y la señalización de las proteínas que determinan su transporte y localización en la célula.*

bió los diferentes pasos de este proceso y demostró que la señal estaba constituida por un péptido, una secuencia de unos 20 aminoácidos hidrofóbicos, que forma parte de la proteína, generalmente en su extremo amino terminal. Desde entonces, Blobel se ha dedicado al estudio de los mecanismos moleculares que subyacen a este proceso, descubriendo otras secuencias-señal que dirigen las proteínas hacia otros orgánulos celulares (Figura 22). También se pudo demostrar que el péptido señal es un mecanismo universal, que actúa en animales, plantas y levaduras. En 1980 Blobel formuló los principios generales para el etiquetado y distribución de proteínas hacia los distintos compartimentos celulares. Ganó el Premio Nobel de Fisiología y Medicina en 1999 por sus trabajos realizados en la década de 1970, al descubrir que las proteínas tienen señales intrínsecas que gobiernan su transporte y ubicación en la célula.

Howard Martin Temin (1934-1994) en 1970, junto a Renato Dulbecco (1914-2012) y David Baltimore (1938-*), demostraron que la copia de RNA en DNA durante la infección de algunos virus se debía a una nueva actividad catalítica que denominaron transcriptasa inversa o retrotranscriptasa.

Aunque ya desde principios del siglo XX se sabía que algunos virus producían cáncer, fue el equipo de Renato Dulbecco el que probó en los años cincuenta que el material genético del virus es incorporado a los genes del organismo hospedador y que los genes integrados en las células infectadas, así como la presencia de mutaciones somáticas pueden inducir crecimiento

---

* Fuente: <Autor Masur: https://commons.wikimedia.org/wiki/File:Gunter_Blobel_2008_3.jpg>.

anormal. Por su parte, David Baltimore y Howard Temin descubrieron, de forma independiente, que los virus de RNA también pueden introducir su material hereditario en el DNA de las células, gracias a la acción de una enzima denominada transcriptasa inversa, que tiene la capacidad de crear una copia de DNA a partir de una molécula de RNA. Estos resultados desafiaron el dogma central de la biología molecular, según el cual la información genética fluye únicamente en una dirección, desde el DNA al RNA y de ahí a las proteínas. En conjunto, las aportaciones de Dulbecco, Baltimore y Temin abrieron un nuevo camino, no solo hacia una de las causas del cáncer, sino para su prevención.

También en 1970 Hamilton Smith (1931-*), estudió las enzimas de restricción y su utilización en la genética molecular. Consiguió aislar una enzima bacteriana de la especie *Haemophilus influenzae*, que actúa cortando el DNA en sitios específicos de la secuencia de nucleótidos, gracias a las experiencias de Smith, numerosos trabajos de otros investigadores pudieron llegar a determinar hasta un centenar de enzimas de restricción que actuaban en lugares diferentes de las cadenas de DNA.

Posteriormente Janet Mertz (1949-*) y Ronald W. Davis (1941-*) descubrieron que los extremos del DNA generados al cortar con la enzima de restricción EcoRI son «pegajosos», lo que permite que cualquiera de esos DNA se «recombine» fácilmente. Usando este descubrimiento, en 1972 Paul Berg (1926-*) construyo la primera molécula de DNA recombinante o quimera. Desarrolló métodos para dividir moléculas de DNA en sitios seleccionados y unir segmentos de la molécula al DNA de un virus o plásmido, que luego podría ingresar a las células bacterianas o animales. El DNA extraño se incorporó al huésped y provocó la síntesis de proteínas que normalmente no se encontraban allí. Uno de los primeros resultados prácticos de la tecnología recombinante fue el desarrollo de una cepa de bacterias que contenía el gen para producir la insulina de la hormona de mamífero. Así nace la Ingeniería Genética.

Yoshio Masui (1931-*) descubrió en 1971 junto con L. Dennis Smith, que cuando se transfiere citoplasma de ovocitos de rana activados a ovocitos detenidos en meiosis, estos comienzan a dividirse. Esto indicaba que alguna sustancia era responsable de desencadenar la división, molécula hipotética que se denominó «factor promotor de la maduración» (MPF). Durante los años siguientes se intentó infructuosamente identificar su naturaleza química. Fue recién a fines de la década de 1980, cuando se descubrió que el heterodímero CDK/ciclina era, en realidad, el MPF de Yoshio Masui.

Leland Hartwell (1939-*) utilizando la levadura de la cerveza, *Saccharomyces cerevisiae*, como modelo experimental, descubrió a fines de la década de 1960 la existencia de los mecanismos genéticos cuya operación pone en marcha o detiene determinados procesos del ciclo celular en los que denominó «puntos de control». Durante sus estudios, Hartwell descubrió más de 100 genes que intervienen en la coordinación del ciclo celular. Uno de esos genes, el CD28 al que denominó «start», es el que pone en marcha ese ciclo, indicando a la célula que comience el crecimiento.

A mediados de la década de 1970, el británico Sir Paul Nurse (1949-*), utilizando una levadura menos conocida, la *Schizosaccharomyces pombe*, descubrió un gen, el cdc2, que resulta esencial para controlar una fase de la división celular. Resultó ser el mismo gen CD28 que había sido encontrado por Hartwell en la otra levadura que estudiaba. En el hombre se logró identificar este gen en 1987, al demostrarse que era capaz de corregir la deficiencia del cdc2 en la levadura cuando se lo inyectaba en estas células. Paul Nurse describe así ese momento: «Cuando comparamos los genes, no podíamos creer que fuese real porque eran idénticos, lo que significaba que el mismo gen controla la división en todas las células, desde la levadura hasta las del hombre». Estos genes codifican la formación de ciertas proteínas enzimáticas (proteínas cinasas dependientes de ciclinas o cyclin dependent kinases, CDKs), de las que se han descrito alrededor de media docena en células humanas, que constituyen los verdaderos «motores» que, actuando sobre otras proteínas de las células, ponen en marcha o bloquean los diferentes procesos vinculados con el ciclo celular.

A comienzos de la década de 1980, trabajando en el erizo de mar *Arbacia punctulata,* el Británico Tim Hunt (1943-*), descubrió otra familia de proteínas, las ciclinas. Actuando como la caja de cambios, ellas regulan la función de los «motores» enzimáticos caracterizados por Nurse. Hasta el momento se han descubierto alrededor de 10 tipos de ciclinas en humanos, que se transmiten de generación en generación. Estas proteínas se sintetizan y se destruyen de un modo oscilatorio durante el ciclo celular, activando así selectivamente a las CDK. El análisis de estas variaciones cíclicas en la actividad de las ciclinas, de las que deriva su nombre, ha permitido elaborar un cuadro muy completo del modo en el que operan los sofisticados mecanismos de control del ciclo celular.

El médico estadounidense Leland H. Hartwell y los doctores británicos Timothy Hunt y Paul M. Nurse han sido galardonados con el Premio Nobel de Medicina 2001 por sus descubrimientos sobre los mecanismos moleculares que regulan el ciclo celular y han identificado las moléculas clave que los dirigen y cuyo funcionamiento es el mismo que el de las levaduras, las plantas, los animales y el hombre (Figura 23).

Resulta evidente que estos hallazgos tienen una enorme importancia para la biología, puesto que el ciclo celular asegura la continuidad de la vida. Como este proceso está directamente vinculado con el mecanismo anormal de re-

Figura 23. Leland H. Hartwell, R. Timothy Hunt, Paul M. Nurse y un esquema del ciclo celular.*

producción celular que caracteriza al cáncer, la identificación y mejor caracterización tanto de las enzimas participantes y de sus reguladores, así como de los «puntos de control» clave en este complejo proceso, brindarán nuevas posibilidades para la intervención terapéutica.

En 1972, Andrew H. Wyllie (1932-2016) y sus colaboradores (John Kerr y Alastair Currie) mientras trabajaban con el microscopio electrónico, se dieron cuenta de la importancia de la muerte celular natural. Él y sus colegas llamaron a este proceso apoptosis, por el uso de esta palabra en un antiguo poema griego que significa «caer» (como las hojas que caen de un árbol), siendo hoy día uno de los temas más estudiados en biología. Los autores escribieron sobre una forma de muerte celular, un suicidio celular programado que es diferente del conocido proceso de muerte celular denominado necrosis. Se-

---

*   Fuentes: <https://iefs.es/efemeride-30-de-octubre/>, Autor Masur: <https://commons.wikimedia.org/wiki/File:Tim_Hunt_at_UCSF_05_2009_(4).jpg>, <https://commons.wikimedia.org/wiki/File:Paul_Nurse_portrait.jpg>, Autor Cell_Cycle_2.png: <The original uploader was Zephyris at English Wikipedia derivative work: Beao: https://commons.wikimedia.org/wiki/File:Cell_Cycle_2.svg>.

gún estos autores, la muerte por apoptosis respondía a un programa de muerte intracelular que podía ser activado o inhibido por una variedad de estímulos tanto fisiológicos como patológicos.

El conocimiento de las bases moleculares y genéticas del proceso de la apoptosis se inicia en 1982 por Robert Horvitz (1947-*) que utilizó como modelo el *Caenorhaditis elegans* para determinar si existe un programa genético que controla la muerte celular. Este gusano es un animal maravilloso para los genetistas del desarrollo porque se conoce el linaje y el destino de cada una de las 1.090 células del gusano. Esto ha hecho más fácil la identificación de muchos de los genes que controlan el desarrollo y la función de las células. Los investigadores han aprendido que 131 células del gusano mueren o cometen suicidio durante el desarrollo normal. En un trabajo pionero publicado en 1986, identificó los dos primeros «genes de la muerte»: el ced-3 y el ced-4. La acción de estos dos genes es un requisito previo para que se produzca la apoptosis o muerte celular programada.

Posteriormente, Horvitz demostró que otro gen, el ced-9, protege contra la muerte celular al interactuar con el ced-3 y el ced-4. Por tanto, estos genes son responsables de que una célula viva o muera y constituyen el complejo ejecutor. Si una célula expresa los tres genes sobrevive, pero si no expresa el gen inhibidor de la muerte *ced-9*, se produce una muerte celular por apoptosis. Además, se conoce que la mayoría de los genes del *C. elegans* implicados en este proceso tienen un gen equivalente en el organismo humano.

El descubrimiento de la homología entre los genes del *C. elegans* y los humanos, han contribuido a la compresión de la apoptosis en la salud y en la enfermedad.

Sydney Brenner (1927-2019) y John E. Sulston (1942-2018) también han utilizado para sus investigaciones el nematodo *Caenorhabditis elegans*, Brenner comenzó con la identificación de cada una de las células que conforman al gusano y construyó con ello el primer linaje celular del desarrollo de un organismo. Sulston, describió cómo las células del gusano *Caenorhabditis elegans* se dividían, maduraban y morían como parte del normal desarrollo de los organismos.

El Premio Nobel de Fisiología y Medicina otorgado en el 2002 tiene como importante actor un diminuto gusano. El Nobel fue entregado conjuntamente a Sydney Brenner, John Sulston y Bob Horvitz por sus estudios sobre el desarrollo y la muerte celular programada en el nematodo *Caenorhabditis elegans* (Figura 24).

Es tal el interés que despierta este nematodo por el hecho de que los tres investigadores premiados tengan en común sus investigaciones sobre este modelo, que algunos se han atrevido a proponer que el verdadero Premio Nobel lo ha recibido el *Caenorhabditis elegans*.

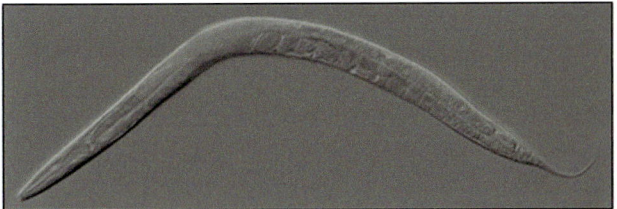

Caenorhabditis elegans

Sydney Brenner   Robert Horvitz   John Sulston

Figura 24. Los tres galardonados con el Premio Nobel de Fisiología y Medicina en el 2002 por sus estudios sobre el desarrollo y la muerte celular programada en el nematodo *Caenorhabditis elegans*.*

En 1975 Georges J. F. Köhler (1946-1995) y César Milstein (1927-2002), fusionaron células para producir anticuerpos. Estos investigadores fusionaron por primera vez linfocitos con células de un mieloma y obtuvieron un hibridoma, una línea inmortal capaz de producir anticuerpos específicos (monoclonales). La importancia de la producción de anticuerpos monoclonales no se evidencia hasta 1987 cuando estos anticuerpos se produjeron en forma regular en ratones y fueron utilizados en el diagnóstico ya que son anticuerpos de pureza excepcional capaces de reconocer y unirse a un antígeno específico. Los hallazgos de Köhler y Milstein tuvieron el propósito inicial de resolver problemas de inmunología básica, pero inmediatamente encontraron otras aplicaciones. En pocos años servirían para preparar anticuerpos monoclonales contra una gran variedad de sustancias; se los utiliza además en el diagnóstico

---

* Fuente: Autor Kbradnam: <https://commons.wikimedia.org/wiki/File:Adult_Caenorhabditis_ele-gans.jpg>, Autor OIST from Onna Village Japan, https://commons.wikimedia.org/wiki/File:Sydney_Brenner_%28cropped%29.jpg>, <mons.wikimedia.org/wiki/File:H._Robert_Horvitz.jpg>. Autor Arienette22: <https://commons.wikimedia.org/wiki/File:John_Sulston_%282008%29.jpg>.

de enfermedades y en la tipificación de grupos sanguíneos y de antígenos de histocompatibilidad, así como en procesos de purificación de diversos productos de la industria farmacoquímica.

En 1977 Richard John Roberts (1943-*) y Phillip Allen Sharp (1944-*) demuestran que, en las células eucariotas a diferencia de las procariotas, los genes no son continuos, están compuesto de intrones y exones. En 1978 S. Tilghman (1946-*) visualiza al microscopio electrónico los intrones como lazos de DNA que no hibridan con el RNAm que producen. Los trabajos de Keith Backman demostraron que los elementos genéticos contienen también una región promotora y sitios de unión al ribosoma, entre otras regiones importantes para la expresión y regulación del material genético los cuales se podían reordenar en nuevas combinaciones funcionales. Cuando los científicos se dieron cuenta de que estos elementos genéticos se podían reordenar y manipular a su antojo, nace la ingeniería genética.

En 1978 Edward B. Lewis (1918-2004) fue el primero en encontrar los genes homeóticos encargados de regular la expresión de los genes que van a intervenir en el desarrollo y segmentación de *Drosophila*. Gracias a ello nace la genética del desarrollo, al aplicar métodos moleculares y de la genética clásica a un problema de desarrollo; es el resultado de la fusión de dos disciplinas: biología molecular y genética clásica.

Los avances tecnológicos continuaron y fue en 1978 cuando se desarrolló la técnica RFLP (polimorfismo en la longitud de los fragmentos de restricción). Herbert Boyer vuelve a revolucionar la biotecnología al conseguir que se comercialice en 1981 una insulina obtenida por expresión en *E. coli* del gen humano recombinante: humulina.

En 1979, David Lane (1952-*), Lionel Crawford (1932-*) y Arnold Levine (1932-*) reportaron que el antígeno de uno de los virus DNA, el SV40, se unía a una proteína celular que llegó a ser denominada *p53*, término que era empleado para identificar una familia de proteínas que se encontraban en pesos moleculares que iban de 48.000 a 55.000 daltons y que habían sido halladas en grandes cantidades en células de mamíferos transformadas por una variedad de agentes tales como virus tumorales DNA, virus tumorales RNA y agentes químicos. La p53 es un supresor de tumores. Su misión es protegernos del cáncer, asegurándose de que, cuando nuestras células se dividen como parte del crecimiento y el mantenimiento normales de nuestro cuerpo, lo hacen sin cometer errores peligrosos. Si el DNA se daña o no se copia fielmente al dividirse para producir nuevas células hijas, la p53 frena en seco la célula y envía al equipo de reparación antes de permitir que la célula siga adelante. Si el daño en el DNA es irreparable, la p53 pone la célula en un estado de «senescencia replicativa», para impedir que vuelva a dividirse; o incluso le da instrucciones para que se suicide, impidiendo que se descontrole.

El punto clave de la importancia del p53 reside en el descubrimiento del papel que desarrolla esta proteína. Así, en una situación normal, el p53 se muestra dentro de la célula en unos niveles muy bajos. Cuando la persona sufre algún tipo de daño celular, los niveles de esta proteína aumentan y hacen que la célula responda a ese daño, que se defienda. «Ahí es donde radica la importancia de este gen frente al cáncer, en que es el encargado de responder a los daños que dan lugar a los tumores». De este modo, cualquier daño inducido en la célula y que puede desencadenar cáncer «es frenado por la acción de esta proteína, siempre que esté activada y, como tal, en funcionamiento».

En 1989, diez años después del descubrimiento del gen p53, tuvo lugar otro hito trascendental. Diversos grupos, entre ellos el del doctor David Lane, observaron que en la mitad de los cánceres aparecía mutada e inactivada la proteína p53. Este hallazgo fue el que concedió la relevancia clínica real al descubrimiento, ya que corroboró que se trataba de la proteína clave en el desarrollo del cáncer.

p53, se le ha considerado el «guardián del genoma» es el supresor por excelencia de las células tumorales. Numerosos estudios moleculares desvelan que más de la mitad de los tumores humanos contienen mutaciones que inactivan esta proteína.

En 1980 Martin Cline (1934-*) transfirió un gen de humano a un ratón, creando el primer organismo transgénico. Un ratón transgénico es un ratón que porta un fragmento de DNA ajeno a su genoma. Para obtenerlos, es necesario construir un plásmido de DNA (un plásmido es un elemento genético extracromosal cuya cadena de DNA es circular) e introducir luego el nuevo gen en la célula blanco para que se inserte al azar en el genoma celular con técnicas de DNA recombinante y de micromanipulación o transfección. El gen añadido recibe el nombre de transgen, y el animal que lo porta, es el animal transgénico. Los ratones transgénicos se utilizan para conocer los mecanismos de la expresión génica de un gen o de un fragmento de este.

Martin Evans (1941-*) describió, en 1981, la extraordinaria plasticidad de las células troncales embrionales pluripotentes de la masa interna celular del blastocisto, lo que permitía mantenerlas en cultivo indefinidamente, modificarlas genéticamente y reintroducirlas en un nuevo blastocisto, sin que perdieran la posibilidad de convertirse en cualquiera de los tipos celulares que pueblan un organismo adulto, incluyendo la línea germinal. Este tipo de células fueron en adelante conocidas como «células madre embrionarias» y comenzaron a emplearlas para regenerar completamente células de tejidos enfermos, y pudieron ser introducidas para transferir mutaciones previamente seleccionadas, componiendo de esta manera la base para las futuras manipulaciones genéticas.

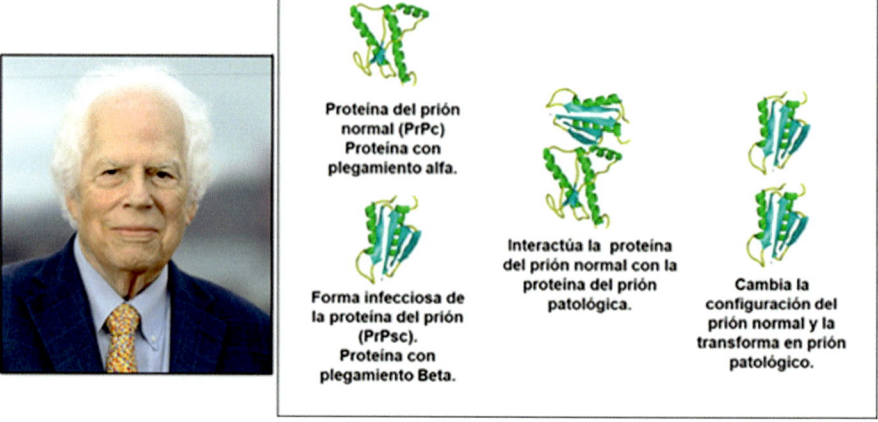

Proteína del prión normal (PrPc)
Proteína con plegamiento alfa.

Forma infecciosa de la proteína del prión (PrPsc).
Proteína con plegamiento Beta.

Interactúa la proteína del prión normal con la proteína del prión patológica.

Cambia la configuración del prión normal y la transforma en prión patológico.

Figura 25. Stanley B. Prusiner. Prión normal y Prión patológico. La conversión de PrPc a PrPSc.*

En el año 1989, Martin Evans, junto con Mario Capecchi (1937-*) y Oliver Smithies (1925-2017) crearon el primer ratón «knockout»; es decir, el primer roedor al que se le canceló el funcionamiento de un gen durante la fase embrionaria, para analizar los efectos de esta desactivación. Un ratón knockout o ratón KO es un ratón modificado por ingeniería genética para que uno o más de sus genes estén inactivados mediante una técnica llamada bloqueo de genes. Su propósito es comprender el papel de un gen que ha sido secuenciado, pero del que se desconoce su función o se conoce de forma incompleta. Inactivando el gen y estudiando las diferencias que presenta el ratón afectado, los investigadores pueden inferir la probable función de ese gen. Esta técnica ha sido crucial para estudiar las funciones de diferentes tipos de genes en ratones y crear modelos de enfermedades.

Además, en 1982 Stanley B. Prusiner (1942-*) descubre que los priones son partículas infecciosas compuestas solo por proteínas, sin ácidos nucleicos, identificado en roedores infectados con scrapie. En 1984 dio a conocer que el gen codificante de esa proteína se encontraba en el genoma de todos los mamíferos que habían estudiado, incluido el hombre. El prión, agente sospechoso de las lesiones neurodegenerativas, era sintetizado normalmente por los organismos.

De hecho, localizó la presencia normal de la proteína en varios tejidos, sobre todo en las neuronas y comprobó con espectroscopía infrarroja que la proteína prión (PrP) se presentaba en dos conformaciones espaciales: la PrPc (normal) y la PrPSc (patógena). Cuando ambas se reúnen, la PrPSc da origen a un cambio en la proteína normal que le hace adquirir la forma patógena (Figura 25).

Este modelo descrito por Prusiner recibió un fuerte apoyo en 1992 cuando se consiguieron los ratones prión knock-out, es decir, en los que se había inactivado el gen codificante para la PrPc. Cuando estos ratones eran inyectados con extractos infecciosos no desarrollaban la enfermedad, lo que indicaba que no había PrPc endógena que pudiera ser alterada por los priones patógenos. Sus descubrimientos han proporcionado un nuevo mecanismo de infección y un modelo de transferencia de información de proteína a proteína. El descubrimiento de los priones puede ser considerado como uno de los mayores avances del siglo XX, también de los más controvertidos. A la vez que daba explicación a un grupo de enfermedades neurológicas humanas y animales, hasta entonces vinculadas únicamente por la similitud de síntomas, el hallazgo de Prusiner demostraba la existencia de un agente infeccioso sin ácido nucleico y lo caracterizaba.

La aceptación de la hipótesis «solo proteína» enunciada por este investigador supuso la ruptura del paradigma establecido por Jacques Monod a principios de siglo. Las bases hasta entonces aceptadas de la biología molecular sostenían que los ácidos nucleicos eran la única vía para transmitir información de una generación a la siguiente. El descubrimiento mostraba que la estructura podía ser inducida de proteína a proteína. «La mejor ciencia - dice Prusiner - emerge con frecuencia de situaciones en las que resultados cuidadosamente obtenidos no encajan en los paradigmas aceptados».

En 1982, el premio Nobel de Química fue otorgado a Aaron Klug (1926-2018) por su desarrollo de la microscopía de electrones en cristalografía y su determinación de la estructura de complejos de proteína y ácidos nucleicos con importancia biológica. Klug combinó la cristalografía de rayos X y la microscopía electrónica para estudiar estructuras de DNA y proteínas en diversos organismos. Las imágenes obtenidas mediante el método desarrollado por el investigador mejoraron el conocimiento de algunas de las estructuras con función biológica necesarias para el correcto funcionamiento de la célula. Su campo de investigación se amplió a las estructuras del DNA (ácido desoxirribonucleico) y RNA (ácido ribonucleico) y RNAt (transferencia). El análisis de los nucleosomas (la unidad de empaquetamiento de la cromatina) y otras estructuras de mayor orden condujeron al conocimiento de cómo se empaqueta el DNA en los cromosomas. Su trabajo sobre los factores de transcripción, que se asocian al DNA, condujo al descubrimiento del dominio estructural de las proteínas, denominado *dedos de zinc*.

En 1983 Kary Banks Mullis (1944-2019) describió una técnica que volvió a revolucionar la investigación en biología molecular. Se trata de la PCR

(Reacción en cadena de la polimerasa). Esta técnica revolucionó a la genética por su practicidad y rapidez para amplificar una región del DNA en cantidad suficiente para luego hacer todo tipo de análisis. Se realizan varios pasos durante el proceso cíclico de amplificación de un fragmento de DNA específico, por acción de la DNA polimerasa. Primero al subirse la temperatura de la reacción se logra separar las 2 hebras del DNA. Bajando la temperatura se logra la unión específica al DNA blanco de unos pequeños fragmentos de DNA, llamados iniciadores o primers, diseñados *in vitro* para ser compatibles con regiones conocidas del gen que se desea estudiar. Esta unión permite el posicionamiento correcto de la polimerasa, la que comienza a replicar la hebra molde usando nucleótidos libres agregados a la mezcla de reacción. Al cabo de 30 ciclos se habrá logrado la generación de más de 2 mil millones de copias del fragmento original, permitiendo tener una gran cantidad de DNA de interés replicado para la realización de diversos estudios (Figura 26).

Gracias a esta técnica se han podido realizar estudios genéticos en cualquier campo de la ciencia. Por ejemplo, se utiliza diariamente para la identificación de cadáveres o en el estudio de escenas del crimen para buscar rastros del culpable. También se emplea en la biología, para identificar cadenas genéticas de plantas, animales o, sobre todo, microorganismos. En la medicina se reúne la experiencia de todos esos campos y se usa principalmente para identificar gérmenes agresores que se encuentran en nuestro organismo.

En algunos casos, como en la actual epidemia de coronavirus SARS-CoV-2, se están empleando las PCR para detectar, confirmar o descartar la presencia del coronavirus en el organismo, ya que, como decimos, esta prueba de diagnóstico permite localizar y amplificar un fragmento del material genético de un patógeno o microorganismo, que en el caso del coronavirus es una molécula de RNA.

Cuando se desarrolló la prueba de la PCR por primera vez se trataba de una técnica cara y algo engorrosa de realizar, pero pronto se generalizó su uso y se empezaron a desarrollar equipos sencillos y muy baratos que se utilizan todavía hoy en muchos centros diagnósticos y laboratorios de Microbiología de hospitales y universidades.

También en 1983, un equipo europeo crea la primera planta transgénica, un tabaco resistente al antibiótico canamicina. Se conoce como transgénicos a aquellos alimentos producidos a partir de un organismo modificado genéticamente mediante ingeniería genética y al que se le han incorporado genes de otro organismo para producir las características deseadas. La manipulación genética consiste en aislar segmentos del DNA de un ser vivo (virus, bacteria, vegetal, animal e incluso humano) para introducirlos en el de otro. Por ejemplo, el maíz transgénico que se cultiva en España lleva genes de bacterias, para producir una sustancia insecticida. Y la patata transgénica aprobada en

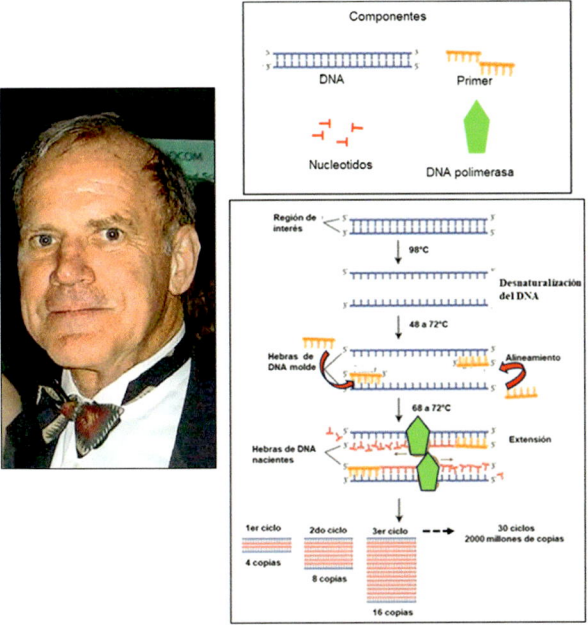

Figura 26. Kary Banks Mullis y un esquema del proceso de amplificación de un fragmento de DNA específico, usando la reacción en cadena de la polimerasa.*

marzo de 2010, lleva un gen que podría anular el efecto de ciertos antibióticos. Dicho de otra forma, es aquel alimento obtenido de un organismo al cual le han incorporado genes de otro para producir una característica deseada. En la actualidad tienen mayor presencia alimentos procedentes de plantas transgénicas como el maíz, la cebada o la soja.

En 1994, fue aprobado para su comercialización en Estados Unidos el primer alimento transgénico completo, modificado por la ingeniería, en ser producido para el consumo masivo el tomate «Fav Savr», diseñado para tener mayor duración y mejor sabor que los convencionales. Los alimentos que posteriormente se modificaron fueron la soja transgénica, en la cual se modificó su constitución para hacerla más resistente a herbicidas y el maíz, al que se le modificó para resistir determinados insectos y generar mayor rendimiento por cultivo y cosecha.

En 1984 Alec John Jeffreys (1950-*) desarrolló la metodología de las huellas genómicas (genoma fingerprintings), que se basa en la digestión del

---

* Fuente: Autor Dona Mapston: <https://commons.wikimedia.org/wiki/File:Kary_Mullis.jpg>.

DNA con enzimas de restricción e hibridándolo con sondas radioactivas para caracterizar e identificar individuos. Son usadas por la ciencia forense para ayudar a la policía en sus trabajos de investigación. La misma técnica se ha demostrado muy útil para resolver litigios sobre paternidad.

También en 1984, Charles Cantor (1942-*) y David Schwartz desarrollaron la electroforesis en campo pulsante para separar moléculas de DNA de alto peso molecular. Esto supuso el mayor avance en la electroforesis desde que Arne Wilhelm Kaurin Tiselius (1902-1971) desarrollara en 1937 la primera electroforesis.

En 1987, Maynard Olson (1943-*), construyó los YAC (cromosomas artificiales de levaduras) para clonar grandes fragmentos de DNA. Los YAC constan de una molécula de DNA humano obtenido por ingeniería genética que son utilizados para clonar secuencias de DNA en células de levadura. A menudo se utilizan para el mapeo y la secuenciación de genomas. Los segmentos de DNA de un organismo, hasta un millón de pares de bases de longitud, se pueden insertar en los YAC, y cuando las células de levadura crecen y se dividen, pueden amplificar el DNA del YAC, que puede ser aislado y utilizado para el mapeo y la secuenciación del DNA. Con estas herramientas, en 1987, se iniciaron casi simultáneamente el Proyecto genoma humano, y el proyecto del genoma de la levadura.

El primer gen humano se clonó en 1977, pero había que esperar hasta 1990 para que el Proyecto Genoma Humano comenzara formalmente. En 1992 apareció terminada la secuencia del primer cromosoma de levaduras. En 1995 se concluyó la secuencia de toda la levadura.

A lo largo de la década de 1970, Michael Stuart Brown (1941-*) y Joseph Leonard Goldstein (1940-*) realizaron investigaciones sobre los factores genéticos responsables de los altos niveles de colesterol en el torrente sanguíneo. Su investigación condujo al descubrimiento de que las células humanas tienen receptores de lipoproteínas de baja densidad (LDL) que extraen el colesterol del torrente sanguíneo.

La existencia del receptor de LDL (LDLR) se evidenció en 1974 mediante el uso de LDL marcada en su componente proteico con yodo radioactivo (^{125}I). Estos experimentos permitieron demostrar la unión saturable y de alta afinidad de LDL a la superficie de células normales en cultivo, la cual se asociaba a internalización y degradación lisosomal de las partículas de LDL, con liberación de colesterol en las células, y reciclaje del receptor hacia la superficie celular. Importantemente, estos fenómenos estaban ausentes en los fibroblastos derivados de pacientes hipercolesterolémicos familiares.

Goldstein y Brown postularon que el defecto determinante del fenotipo celular asociado a pacientes con hipercolesterolemia familiar homocigota residía en una incapacidad de las células para captar colesterol presente en las LDL

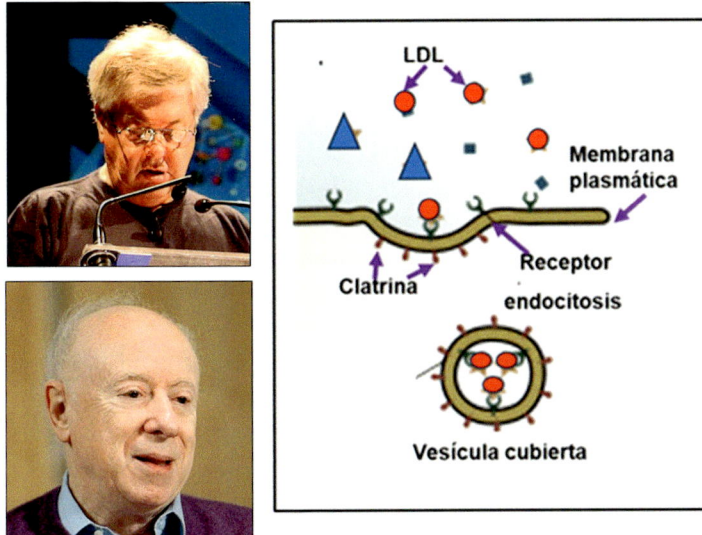

Figura 27. Michael Stuart Brown, Joseph Leonard Goldstein y un esquema de endocitosis de LDL.*

desde el medio externo hacia el compartimento intracelular, implicando la existencia de un receptor para LDL en la superficie de la membrana plasmática.

Adicionalmente, en 1982 Goldstein, Brown y su equipo lograron aislar y purificar el producto proteico del receptor de LDL desde las glándulas suprarrenales de bovino, permitiendo, *a posteriori,* la identificación del gen codificante para el gen de este receptor en 1985, sentando las bases para el análisis de las mutaciones genéticas que dan cuenta de la hipercolesterolemia familiar.

Sus hallazgos llevaron al desarrollo de las estatinas, los compuestos que reducen el colesterol, desde la introducción de las estatinas a la práctica clínica a comienzos de la década de los años 1980, el efecto hipocolesterolémico de estos medicamentos, que Brown y Goldstein denominan como la *«penicilina para el colesterol»,* ha constituido uno de los avances terapéuticos más importantes en la historia de la medicina, así como también de la industria farmacéutica mundial.

En el transcurso de su investigación, también descubrieron el proceso de endocitosis mediada por receptores (EMR), también llamada endocitosis mediada por clatrina, que es un aspecto fundamental de la biología celular (Figura 27).

_____

* Fuente: Autor Radio 89: <https://commons.wikimedia.org/wiki/File:Michael_Stuart_Brown_at_BergamoScienza_2014.jpg>, Autor eLife Sciences Publications, Ltd: <https://commons.wikimedia.org/wiki/File:Joseph_Goldstein.jpg>.

Michael Stuart Brown y Joseph Leonard Goldstein, compartieron el Premio Nobel de Medicina en el año 1985 por sus descubrimientos sobre el receptor de lipoproteínas de baja densidad (LDLR) y la regulación del metabolismo del colesterol.

En 1980 Alfred G. Gilman (1941-2015) y Martin Rodbell (1925-1998) descubren las proteínas G y su papel en la transducción de señales, demostraron cómo las proteínas G canalizan la información proveniente del exterior, controlando de esta manera procesos tan fundamentales como la visión, el olfato y el gusto, además del crecimiento y la diferenciación de las propias células. Martín Rodbell y su equipo mostraron en los años sesenta y setenta exactamente cómo se transmiten los mensajes a las células y demostraron que en el proceso había tres etapas recepción, transducción y amplificación, la segunda de las cuales es la mediada por las proteínas G, que actúan como semáforos celulares. Sobre este trabajo básico, Alfred G. Gilman investigó en una línea de células cancerosas cómo afectaba al cuerpo humano el mal funcionamiento de esta transmisión de mensajes entre células. Gilman y sus colaboradores purificaron en 1980, una proteína de las células normales que cuando se transfería a la membrana de una célula que no la tenía restauraba su función normal. «Así se descubrió la primera proteína G». Las irregularidades en la función de las proteínas G (denominadas así porque fijan fosfatos de guanosina) desembocan muchas veces en síntomas de enfermedad. Por ejemplo, la intensa deshidratación que sufre un enfermo afectado de cólera es una consecuencia directa de la acción de la toxina del cólera sobre las proteínas G en las células del intestino. «Esta especie de semáforo se mantiene siempre en verde, con lo que la sal y el agua no son absorbidos con normalidad por los intestinos, lo que lleva a la deshidratación y la muerte».

Ciertos trastornos congénitos del metabolismo obedecen a las mismas causas y se cree que algunas grandes patologías, de nuestra época, como la diabetes y el alcoholismo tienen relación con la alteración, de la transmisión de señales.

Hay muchas diferentes proteínas G, formadas por combinaciones de tres subunidades, denominadas alfa, beta y gamma (Figura 28). Una proteína G especial existe en la membrana del ojo, donde convierte una señal de luz en estímulo de las fibras nerviosas que transmiten la impresión visual a nuestro cerebro. Otra proteína G existe en la nariz vinculada al sentido del olfato y otras transmiten las vivencias del gusto.

Alfred Goodman y Martin Rodbell recibieron el Premio Nobel de Medicina en 1994 por su descubrimiento de las proteínas G y el papel que juegan en la transmisión de señales en las células.

También hay que mencionar a los científicos estadounidenses Brian Kobilka (1955-*) y Robert Lefkowitz (1943-*) que han ganado el premio Nobel

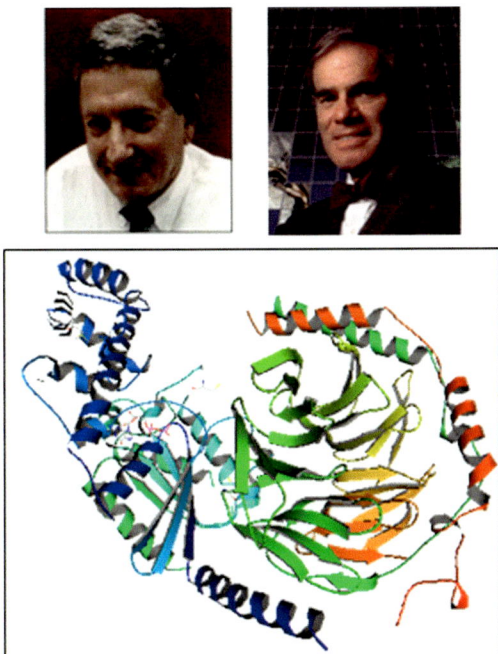

Figura 28. Alfred Goodman Gilman, Martin Rodbell y la imagen de la proteína G heterotrimérica mostrando en azul la subunidad alfa y en rojo y verde la beta y gama.*

de Química 2012 por sus estudios sobre los receptores acoplados a proteínas G, que funcionan como una puerta de entrada de información del entorno hacia el interior de las células.

En 1968, Robert Lefkowitz empezó a aplicar la radiactividad con el fin de investigar los receptores celulares. Añadió un isótopo de yodo a diferentes hormonas y, gracias a la radiación, consiguió identificar varios receptores, entre ellos el de la adrenalina, el receptor adrenérgico β. Su equipo de investigadores extrajo el receptor de su ubicación en la membrana celular y adquirió un conocimiento inicial sobre su funcionamiento.

Brian Kobilka, recién incorporado en el grupo, aceptó el desafío de aislar, a partir del inmenso genoma humano, el gen que codifica el receptor adrenérgico β. Su estrategia creativa le permitió alcanzar el objetivo. Cuando los

---

* Fuente: Autor NIH historic image: <https://es.wikipedia.org/wiki/Alfred_G._Gilman>, <https://commons.wikimedia.org/wiki/Category:Martin_Rodbell?uselang=nds>, Autor S. Jähnichen: <https://commons.wikimedia.org/wiki/File:G-Protein.png>.

investigadores analizaron el gen, descubrieron que el receptor se asemejaba a otro que capta la luz en el ojo. Se dieron cuenta entonces de que existe una gran familia de receptores con un aspecto y función similares.

Hoy esa familia recibe el nombre de receptores acoplados a proteínas G. Un millar de genes codifican esos receptores, entre ellos, los de la luz, el gusto, el olor, la adrenalina, la histamina, la dopamina y la serotonina. Cerca de un millar de todos los medicamentos ejercen su efecto a través de los receptores acoplados a proteínas G (Figura 29).

Los estudios de Lefkowitz y Kobilka son cruciales para la comprensión del funcionamiento de los receptores acoplados a proteínas G. Hoy en día, se tiene un conocimiento detallado de estos receptores (GPCR por sus siglas en inglés), cómo funcionan y cómo se regulan a nivel molecular. Además, en 2011, Kobilka consiguió otro gran avance; él y sus colaboradores captaron la imagen de un receptor adrenérgico β en el momento exacto en que era activado por una hormona y enviaba una señal a la célula. Esa imagen representa un logro de gran importancia en ciencia molecular, el resultado de décadas de investigaciones.

Gracias a la determinación de la estructura tridimensional (o conformación) de un GPCR activado se ha podido elucidar cómo funciona a nivel bioquímico; como la mayoría de los GPCR comparten gran parte de su estructura (Figura 29), este gran avance permitirá diseñar mejores fármacos agonistas (moléculas capaces de combinarse con un receptor y estimular su actividad), antagonistas (moléculas capaces de bloquear un receptor y abolir su actividad) y agonistas inversos (los que logran efectos opuestos a los de los agonistas). Los agonistas se ligan a un GPCR y estabilizan la conformación que activa la proteína G en el interior celular. Los agonistas inversos se ligan a un GPCR, pero estabilizan su conformación no activada. Los antagonistas o inhibidores compiten con los agonistas y bloquean el sitio de unión entre el agonista y el GPCR. Muchos fármacos modernos son antagonistas, como los β-bloqueadores utilizados en el tratamiento de trastornos relacionados con el corazón y la hipertensión. Otros son agonistas que activan, por ejemplo, los receptores de la dopamina y la serotonina para aliviar la enfermedad de Parkinson, migrañas y trastornos neuropsiquiátricos, o son agonistas inversos, que impiden que la actividad basal de, por ejemplo, el receptor GABA involucrado en la memoria y el aprendizaje. Las aplicaciones farmacológicas de los trabajos de los ganadores del Premio Nobel de Química de 2012 son realmente incontables.

Otro de los logros científicos alcanzados en el siglo XX y de gran divulgación ha sido la clonación de un mamífero por Ian Wilmut (1944-*) y Keith Campbell (1954-2012) en 1996. La oveja Dolly constituyó el gran hito biológico de finales de siglo. El mismo produjo comentarios y discusiones desde

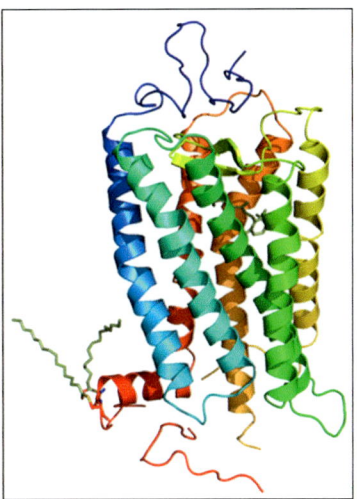

Figura 29. Brian Kobilka, Robert J. Lefkowitz y una imagen de la rodopsina bovina, como ejemplo de receptor asociado a proteína G heterotrimérica con sus siete dominios.*

todos los ámbitos: científicos, sociales y hasta religiosos. Dolly nació el 5 de julio de 1996 en el Instituto Roslin (es un instituto gubernamental de investigación de ciencia animal) perteneciente a la Universidad de Edimburgo. No obstante, no se anunció públicamente su existencia hasta febrero de 1997.

De la ubre de la madre de Dolly, los científicos sacaron una célula, que contiene todo el material genético (DNA) de la oveja adulta. Después, a la otra oveja, le extrajeron un óvulo, el cual serviría de célula receptora. Al óvulo se le sacó el núcleo, eliminando así el material genético de la oveja donante. Se extrajo el núcleo de la célula mamaria y, mediante impulsos eléctricos, se fusionó al óvulo sin núcleo de la oveja donante. Con los mismos impulsos se activó al óvulo para que comenzara su división, tal y como lo hacen los óvulos fertilizados en un proceso natural de reproducción. Al sexto día, ya se había formado un embrión, el cual fue implantado en el útero de una tercera oveja, la madre sustituta, que, tras un período normal de gestación, dio a luz a Dolly: una oveja exactamente igual a su madre genética (Figura 30).

Se realizaron 277 fusiones, y se desarrollaron 29 embriones tempranos que se implantaron a 13 madres de alquiler, aunque solamente uno de esos 13 embarazos llegó a buen puerto dando sus frutos tras 148 días: Dolly na-

---

* Fuentes: Autor Bengt Nyman - Flickr: IMG_4781, CC BY 2.0, <https://commons.wikimedia.org/w/index.php?curid=23082367>, Autor S. Jähnichen: <https://commons.wikimedia.org/wiki/File:1L9H_(Bovine_Rhodopsin)_2.png>.

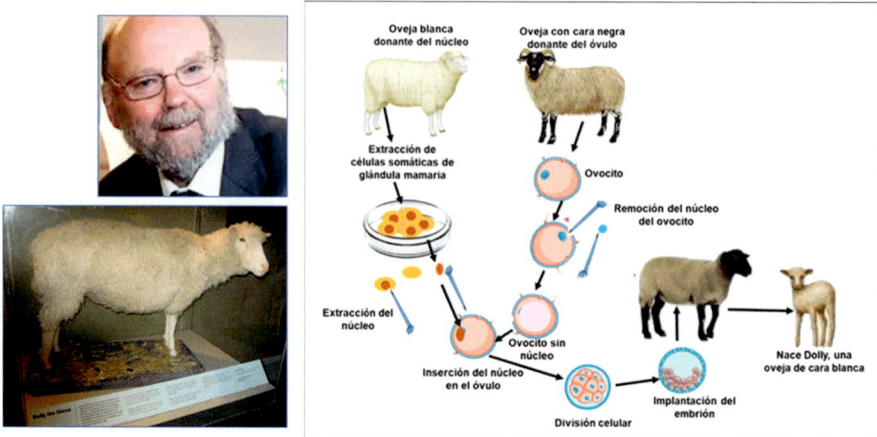

Figura 30. Ian Wilmut y la oveja Dolly disecada en el museo nacional de Escocia y un esquema del proceso de clonación de la oveja Dolly.*

ció, aunque su nacimiento no fue anunciado públicamente hasta 7 meses después. Dolly vivió durante 6 años y medio en el Instituto Roslin, tuvo todos los cuidados necesarios y, además, vivió llena de mimos, se apareó y tuvo crías normales de manera natural. De su primer parto nace «Bonnie» en 1998, en el segundo parto en 1999 Dolly tiene mellizos: «Sally» y «Rosie», y en el siguiente parto trillizos: «Lucy», «Darcy» y «Cotton». En el año 2001, llegaron los primeros problemas de Dolly, y es que comenzó a sufrir de artritis, por lo que al caminar sufría increíbles dolores, aunque inicialmente fueron tratados de manera satisfactoria con antiinflamatorios. El 14 de febrero de 2003, se le tuvo que practicar la eutanasia para evitar su sufrimiento, ya que además de la artritis, Dolly había desarrollado un tumor pulmonar que es frecuente en ovejas criadas en el exterior. Todos se preguntaron por qué Dolly murió tan joven, cabe destacar que el promedio de vida de una oveja Finn Dorset es de unos 12 años, y Dolly vivió solo la mitad. Muchos especulan que su temprana muerte tuvo que ver con el hecho de que era un clon, aunque esto nunca fue probado y los científicos del Instituto Roslin nunca encontraron evidencia de que esto fuera así. La explicación que parece más factible hasta el momento para justificar su temprana muerte es que en realidad, genéticamente hablando, Dolly nació con 6 años, ya que fue clonada a partir de la célula de una oveja de seis años (esto explica por qué Dolly envejeció más rápido de lo normal), por lo que, si así fuera, se podría entender que Dolly vivió el tiempo que cabría espe-

---

* Fuentes: <https://commons.wikimedia.org/wiki/File:Dollyscotland.jpg>, <https://www.dw.com/en/25-years-of-dolly-whats-become-of-the-worlds-first-cloned-sheep/a-60864024>.

rar para una oveja de su raza. Dolly no fue enterrada. Por considerarse un hito de la ciencia, Dolly fue disecada y actualmente se puede visitar en el Museo Nacional de Edimburgo (en Chambers Street). Hasta el día en que nació Dolly, la clonación se había practicado con ranas, vacas y ovejas, pero siempre a partir de células embrionarias, y no de un adulto. El nacimiento de Dolly fue transformador, ya que demostró que el núcleo de la célula adulta tiene todo el DNA necesario para dar lugar a otro animal, eso significaba que se puede reprogramar el núcleo de una célula adulta de nuevo a un estado embrionario. El mayor impacto de la clonación, dicen varios investigadores, han sido los avances que ha desatado en células madre. Varios investigadores están usando técnicas de clonación para producir células madre embrionarias, evitando con ello la necesidad de recoger nuevos embriones. La llamada transferencia nuclear de células somáticas puede ayudar a los investigadores a entender mejor la embriogénesis humana y la biología de células madre.

BIOLOGÍA CELULAR Y MOLECULAR EN EL SIGLO XXI

7

La Biología celular y molecular en el siglo XXI, se concentra en el estudio de las macromoléculas y las reacciones estudiadas por los bioquímicos, los procesos descritos por los biólogos celulares y las vías de control de los genes identificados por los biólogos moleculares y genetistas. En este siglo XXI, dos fuerzas convergentes darán nueva forma a la Biología celular y molecular: la genómica, la secuencia completa del DNA de muchos organismos, y la proteómica, el conocimiento de todas las posibles formas y funciones que presentan las proteínas.

El extraordinario progreso que experimentó en los últimos años la Biología celular y molecular fue consecuencia del desarrollo de nuevos métodos de estudio de la célula y de sus componentes subcelulares y moleculares.

A pesar de que solo han pasado dos lustros, la Biología celular y molecular ya nos ha dejado innumerables hallazgos en lo que llevamos de siglo XXI, debemos resaltar las siguientes aportaciones:

7.1. EL GENOMA HUMANO DESCIFRADO

Uno de los acontecimientos más importantes en la historia de la Biología Celular y Molecular, fue la secuencia del genoma humano, enmarcado en el Proyecto Genoma Humano (Human Genome Project, HGP) fue un programa internacional cooperativo de investigación constituido para completar el mapeo y la comprensión de todos los genes de los seres humanos. El conjunto de todos nuestros genes se conoce como nuestro «genoma».

En febrero de 2001, el Proyecto del genoma humano (PGH) publicó sus resultados a la fecha: una secuencia completa al 90 por ciento de los tres mil millones de pares de bases en el genoma humano. El Consorcio del PGH publicó sus datos en el volumen del 15 de febrero de 2001, de la revista *Nature*.

Durante el Proyecto Genoma Humano, los investigadores descifraron el genoma humano de tres maneras principales: la determinación del orden, o «secuencia» de todas las bases en el DNA de nuestro genoma; el trazado de mapas que muestran la ubicación de los genes para las principales secciones de todos nuestros cromosomas; y la producción de lo que se denomina «mapas de ligamiento» a través de los cuales los rasgos hereditarios (como los de las enfermedades genéticas) se pueden seguir por varias generaciones.

El Proyecto Genoma Humano reveló que existen probablemente 25.000 genes humanos. La secuencia humana completa ahora puede identificar sus ubicaciones. El resultado del Proyecto Genoma Humano ha brindado al mundo un recurso de información detallada acerca de la estructura, la organización y la función del conjunto completo de genes humanos. Esta información se puede considerar como el conjunto básico de «instrucciones» hereditarias para el desarrollo y funcionamiento del ser humano.

El Consorcio Internacional del Genoma Humano (International Human Genome Sequencing Consortium) completó y publicó la secuencia total en abril de 2003, el quincuagésimo aniversario de la publicación de la estructura del DNA por Watson y Crick. En esta edición final, se recogen los datos de los aproximadamente 3.000 millones de pares de bases que tiene nuestro genoma, así como de 3 millones de variantes genéticas SNP (del inglés *single nucleotide polymorphisms*, polimorfismos de un solo nucleótido). En esta versión final del Proyecto Genoma Humano se muestra que nuestro genoma contiene una cantidad enorme de repeticiones y duplicaciones, en comparación con lo estimado anteriormente. Junto a la versión final del proyecto, se detallaron los primeros borradores del genoma completo de rata y ratón, modelos animales muy utilizados en todo el mundo.

El 20 de octubre de 2004, los investigadores «recortaron» el número de genes codificantes de proteínas que tiene el genoma humano a una cifra de entre 20.000 y 25.000. Este número tan pequeño asombró a los científicos y científicas de todo el mundo. ¿Para qué servía todo el resto de nuestra secuencia de DNA? Ahora sabemos que este DNA no codificante tiene una gran importancia, por ejemplo, en la regulación de los genes.

En el proyecto Genoma Humano se utilizó el DNA de cinco personas tres mujeres y dos hombres de cuatro grupos étnicos diferentes, hispano, asiático, afroamericano y caucasiano. Es interesante destacar que no se detectaron diferencias significativas entre ellos. Estos proyectos han conseguido identificar todos los genes de distintas especies, determinar su secuencia y acumular esta información en bases de datos, lo cual, junto con el desarrollo de instrumentos informáticos muy sofisticados y poderosos ordenadores, ha permitido comparar las secuencias significativas. La comparación ha producido muchos resultados de interés, pero uno particularmente importante es el descubrimiento de que la especie humana comparte aproximadamente un 50% de los genes con el nematodo *Caenorabditis elegans* y un 60% con la mosca *Drosophila*. Esta observación es un recordatorio de nuestros orígenes biológicos, que compartimos con el resto de los animales. Naturalmente, esto se refleja en el DNA que es el trazo evolutivo común que nos une a todos. El alto grado de similitud genética en las especies mencionadas y, de hecho, en todo el Reino Animal no solo valida el fenómeno evolutivo, sino que también tiene implicaciones en el estudio de la biología y patología humana. Al tener tantos genes en común con organismos como *Drosophila* hay muchos aspectos de la biología y de la enfermedad humana que se pueden estudiar en moscas sin las limitaciones experimentales y éticas que impone el material humano. La filosofía que subyace es que mucho del progreso en el conocimiento que consigamos en Drosophila será aplicable a nosotros mismos. El estudio de los genes Hox de las moscas está arrojando información muy importante sobre la función de esos mismos genes en nuestra propia especie. En lo que respecta a los procesos patológicos, las últimas estimaciones indican que el 74% de los genes relacionados con enfermedades humanas están presentes en Drosophila. Se trata, por tanto, de una fuente de información de enorme importancia para el conocimiento básico de la enfermedad humana. Actualmente, muchos laboratorios en todo el mundo están usando Drosophila como organismo para estudiar patologías como el cáncer.

Conocer la secuencia completa del genoma humano tiene relevancia en los estudios de biomedicina y genética clínica, desarrollando el conocimiento de enfermedades poco estudiadas, nuevas medicinas y diagnósticos más fiables y rápidos.

7.2. INTELIGENCIA ARTIFICIAL Y LA BIOINFORMÁTICA

Otro descubrimiento sin abandonar la biología molecular es una nueva era en la biología estructural, consiste en la capacidad de utilizar inteligencia artificial para obtener la estructura de las proteínas, claves en todo proceso de vida. Se pueden analizar la forma y plegamiento de muchas proteínas a la vez y en tiempo récord.

AlphaFold, es un sistema de inteligencia artificial (IA) de Google, predice la estructura de casi todas las proteínas conocidas y catalogadas por la ciencia, lo que aumentará la comprensión de la biología y facilitará el trabajo de numerosos investigadores para abordar los retos presentes y futuros.

Gracias a la inteligencia artificial, predicciones de la estructura tridimensional de casi todas las proteínas -200 millones- a partir de su secuencia de aminoácidos; estas están disponibles de forma gratuita y abierta en la base de datos AlphaFold (Figura 31).

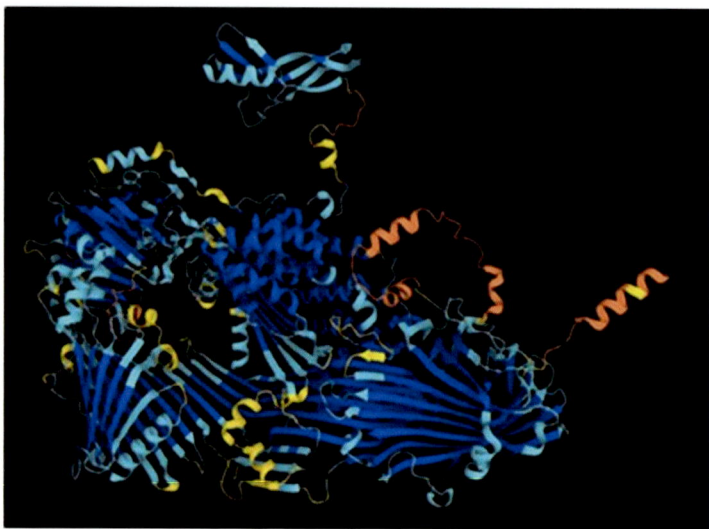

Figura 31. La estructura de la proteína vitelogenina predicha por la Inteligencia artificial.*

Esto es importante para el desarrollo de la ciencia podría ayudar a los investigadores a crear nuevos medicamentos y a estudiar en profundidad todas las enfermedades, algunas de ellas letales o de difícil tratamiento, desde el cáncer al Alzhéimer. Y es que todas las dolencias están relacionadas directamente con algún tipo de proteína.

Una de las disciplinas científicas que más se ha potenciado con la Inteligencia Artificial (IA) es la Bioinformática.

La bioinformática en su definición se caracteriza como el estudio de la información biológica a partir de la teoría de la información, la computación y las matemáticas. Además, es una nueva disciplina dentro de la biología, donde las herramientas de la computación tienen una función primordial al manejo y análisis de bases de datos biológicas principalmente de secuencias, así como el almacenamiento, recuperación, manipulación y correlación de datos procedentes de distintas fuentes.

La bioinformática es una disciplina científica emergente que se nutre de datos, conocimientos y estrategias provenientes de múltiples disciplinas, entre ellas, la biología, la bioquímica, la biofísica, la biotecnología, la matemática, la estadística y la computación. La bioinformática es una ciencia de la infor-

---

* Fuentes: Deepmind, <https://theobjective.com/sociedad/2022-07-30/ia-proteinas-ciencia/>, Derechos: Creative Commons. Fuente: EMBL-EBI.

mación, ya que participa activamente en la organización y la transformación de datos, a partir de lo cual se renueva el conocimiento que se tiene sobre el objeto o el sistema en estudio.

Por otra parte, la bioinformática no solo tiene a su cargo el análisis de datos complejos mediante el uso de herramientas computacionales, sino que también se involucra en el diseño y mantenimiento de bases de datos que reúnen, organizan y almacenan de forma estructurada la información biológica. Al mismo tiempo, la bioinformática define los estándares de los procedimientos que permiten acceder y recuperar de forma eficiente la información biológica almacenada.

Proporcionar los medios para mapear y comparar el DNA, estudiar secuencias de proteínas e identificar patrones en grandes volúmenes de datos son algunas de las principales formas en que la bioinformática pretende mejorar nuestra comprensión de los procesos biológicos.

La aparición de la bioinformática se remonta a la década de los 60, cuando Sanger y sus colaboradores desarrollaron un método que permitía conocer la secuencia exacta de aminoácidos que conforman una proteína. Este avance experimental generó la necesidad de desarrollar nuevos algoritmos que permitieran analizar y comparar distintas secuencias de proteínas de distintos organismos, porque el volumen de secuencias disponibles impedía realizarlo manualmente. Así aparecieron los algoritmos de alineamiento múltiple, que buscan si dos secuencias son o no similares y qué regiones tienen en común, y se crearon las principales bases de datos como la GenBank (es una base de datos exhaustiva, de las secuencias de nucleótidos disponibles al público de decenas de miles de organismos). En este sentido el desarrollo del *Big Data* ha sido uno de los grandes impulsos de los últimos años para la mejora en las labores de investigación.

El análisis de datos masivos aplicados a la salud permite tener un mayor conocimiento del DNA y del genoma de distintos organismos además del humano, así como de proteínas, enzimas y aminoácidos. Pero en lo que ha sido realmente relevante el avance de la bioinformática, además de la información que ha aportado a los científicos sobre el coronavirus, la identificación de las mutaciones asociadas a tumores, de patógenos causantes de brotes infecciosos, y el estudio de las enfermedades raras.

Desde entonces, ha habido incontables avances en los métodos de análisis, comparación y visualización de secuencias moleculares. Sin embargo, fue la culminación del «Proyecto Genoma Humano» en 2001-2003 que se ha mencionado anteriormente, lo que considero un punto de inflexión, al poner a disposición de la comunidad científica la primera secuencia completa de un genoma humano.

Los campos de la biología que generan cantidades masivas de datos son las ciencias ómicas que engloban diferentes disciplinas como la genómica (estudio del genoma y función de los genes), la proteómica (estudio de la estructura, función, localización e interacción de proteínas), la transcriptómica (estudio del RNAm y expresión génica), la metabolómica (estudio de los metabolitos y productos metabólicos), la farmacogenómica (estudio cuantitativo de cómo la genética afecta al tratamiento con fármacos), la fisionómica (estudio de la fisiología dinámica y funciones del organismo completo) y la nutrigenómica (expresión de genes en respuesta a la dieta), etc. Las ciencias ómicas han permitido la generación de una cantidad de datos que junto a avances importantes en matemáticas computacionales han hecho posible por primera vez el uso de estrategias de aprendizaje automático (machine learning) y big data para el análisis y estudio de los sistemas biológicos, con resultados impensables hace solo veinte años y propiciando la extensión de la Bioinformática a otras áreas de investigación.

El estudio y análisis de esta vasta cantidad de datos es posible gracias a la bioinformática. La bioinformática es una disciplina que utiliza la tecnología de la información para organizar, analizar y distribuir la información sobre biomoléculas con la finalidad de responder preguntas complejas. El libre acceso a Internet permite que toda esta información esté al alcance de las manos de todo el mundo. Surge como una necesidad de encontrar sentido a la cantidad de datos biológicos generados en las últimas décadas, paralelo al incremento de técnicas capaces de detectar un gran número de alteraciones en los diferentes componentes moleculares.

PREMIOS NOBEL DEL SIGLO XXI EN LAS ÁREAS DE QUÍMICA, FISIOLOGÍA Y MEDICINA

8

A continuación, mencionaré otros descubrimientos científicos del siglo XXI además de los citados anteriormente. Recordando a varios investigadores que por sus notables contribuciones en el transcurso de sus actividades han proporcionado un amplio conjunto de datos con importantes implicaciones para el entendimiento de diversos procesos celulares y moleculares y por tal motivo han recibido el Premio Nobel en el siglo XXI, que es un galardón internacional que se otorga cada año.

AÑO 2000, PREMIO NOBEL DE FISIOLOGÍA Y MEDICINA

En el año 2000 Paul Greengard, Arvid Carlsson y Eric Kandel fueron galardonados con el Premio Nobel en Fisiología y Medicina por sus descubrimientos concernientes a las señales de transducción en el sistema nervioso (Figura 32).
        Arvid Carlsson (1923-2018), descubrió en los años cincuenta que la enfermedad de Parkinson se debe a una reducción anómala de los niveles cerebrales de dopamina, una de las moléculas (neurotransmisores) que cada neurona usa para comunicarse con la siguiente neurona en el circuito específicamente. Además, su investigación llevó a concluir que la enfermedad de Parkinson implica una pérdida de este neurotransmisor en algunas regiones del cerebro, y que puede ser reemplazada por la L-dopa. Además de su exitosa investigación sobre la dopamina, también ha demostrado que las drogas antipsicóticas bloquean los receptores para esta molécula, lo que ha contribuido al desarrollo de nuevas drogas antidepresivas. A partir de los años sesenta, el estadounidense Paul Greengard (1925-2019) empezó a esclarecer cómo funcionan los neurotransmisores, por su parte, descubrió cómo la dopamina y otros neurotransmisores como la noradrenalina y la serotonina, ejercen su acción en el sistema nervioso. Este investigador demostró que la transmisión

Figura 32. Arvid Carlsson, Paul Greengard y Eric Kandel, galardonados con el Premio Nobel en Fisiología y Medicina 2000.*

sináptica lenta implica el contacto con un receptor de la membrana celular, la elevación de los niveles de AMP cíclico y la activación de la proteína cinasa A, la cual lleva a cabo la fosforilación de proteínas y luego su compatriota (de origen austriaco) Eric Kandel (1929-*) relacionó esos procesos con el aprendizaje y la memoria. Utilizando la babosa marina, Kandel descubrió que una forma de memoria de corto plazo está mediada por la fosforilación de algunos canales iónicos en la terminal nerviosa. También mostró que, en la memoria de largo plazo, se genera un incremento de AMP cíclico y de proteína cinasa A, cambios que conducen a modificaciones en la forma de la sinapsis, lo cual genera un incremento en su función. Posteriormente, Kandel demostró que estos mecanismos básicos de la memoria también se aplican a los mamíferos.

Los descubrimientos de Carlsson, Greengard y Kandel han sido cruciales para la comprensión de la función cerebral normal, así como de la forma en que la perturbación de la transducción de señales puede producir enfermedades neurológicas o psiquiátricas.

AÑO 2003, PREMIO NOBEL DE QUÍMICA

Otro descubrimiento al que se le otorgó el premio Nobel de Química 2003 fue compartido por dos biólogos que han transformado el conocimiento sobre los poros dinámicos, denominados canales, que permiten el paso de iones y agua a través de la membrana celular: Roderick MacKinnon (1956-*) y Peter Agre (1949-*) (Figura 33).

---

* Fuentes: Autor Vogler: <https://commons.wikimedia.org/wiki/File:Arvid_Carlsson_2011a.jpg>, <https://commons.wikimedia.org/wiki/File:Paul_Greengard.jpg>, Autor Bengt Oberger: <https://commons.wikimedia.org/wiki/File:Eric_Kandel_01.jpg>.

MacKinnon fue galardonado por los estudios estructurales y mecánicos de los canales iónicos y Agre lo fue especialmente por el descubrimiento del método del «canal de agua».

Peter Agre (1949-*) y su grupo de trabajo en 1992 descubrió que las acuaporinas son las proteínas de las células que regulan el paso de agua a través de la célula y localizó el gen en el DNA humano.

A finales de la década de los 80, el laboratorio del Dr. Peter Agre, descubrió las acuaporinas (AQP) por casualidad, mientras buscaba aislar el antígeno del factor Rh sanguíneo de los humanos. Durante el aislamiento del polipéptido de Rh, el cual tiene un tamaño de 32 KDa, una segunda proteína de membrana fue aislada, con un tamaño de 28 KDa.

El Dr. Greg Preston, asistente postdoctoral de Dr. Agre, aisló y clonó esta proteína y la expresó en óvulos de rana de la especie *Xenopus laevis*, los cuales presentan una muy baja permeabilidad innata por el agua. Al exponer los óvulos a un medio hipotónico (bajo en solutos) las diferencias entre los que expresaban la posible AQP frente a los que no la tenían (óvulos control) fue significativo. Los óvulos control permanecieron inalterados, los óvulos que contenían la proteína se hincharon y explotaron en poco tiempo.

En el año 2000 Agre logró las primeras imágenes de alta resolución de la estructura tridimensional de la acuaporina. Ello permitió determinar cómo funciona el canal de agua y, fundamentalmente, conocer por qué solo admite moléculas de agua y no otros iones, como el sodio y el potasio.

 La clave reside en que el centro del canal presenta cargas eléctricas positivas, que repelen los iones positivos. Solo admite las moléculas de agua, que presentan características eléctricas particulares (son dipolares).

Las acuaporinas son una familia de proteínas que atraviesa la membrana, formadas por una cadena de aminoácidos de peso molecular 28 mil Daltones y que funcionan como canales que permiten el paso del agua a través de ellas. Por cada acuaporina pueden pasar cerca de tres mil millones de moléculas de agua por segundo. Agre y su grupo han caracterizado la selectividad de estos canales, analizando la estructura de cristales de membrana con microscopía de fuerza atómica y microscopía electrónica. Las imágenes de resolución atómica de las acuaporinas muestran que cada canal acomoda cerca de diez moléculas de agua al mismo tiempo en una sola fila.

En los últimos diez años los canales de agua se convirtieron en un tema clave en la investigación, y se pudo determinar que las acuaporinas constituyen una gran familia de proteínas, que existen en las bacterias, las plantas y los animales. Las acuaporinas están presentes en el cristalino del ojo, en los glóbulos rojos, en los riñones, en las glándulas salivales y lacrimales, entre otros tejidos. En los riñones desempeñan un rol relevante en el mecanismo de reabsorción de agua. De hecho, más del 80 por ciento del líquido filtrado por el riñón es reabsorbido por este. La hormona antidiurética estimula el transporte de las acuaporinas a la membrana celular de las paredes del túbulo de los riñones. Pero las personas que tienen una deficiencia en esa hormona o en la producción de acuaporinas en la membrana celular, padecen una enfermedad denominada diabetes insípida. Debido a que los líquidos no son reabsorbidos, estas personas producen de 10 a 15 litros de orina por día, cuando lo normal es entre uno y dos litros.

Las acuaporinas también se vinculan a la fertilización del óvulo. Los ovocitos, hasta que son fecundados por el espermatozoide, carecen de canales de agua. Cuando entra el espermatozoide, los canales vuelven a expresarse. Los canales de la membrana celular son una condición indispensable para la vida. Por ello, la comprensión de su funcionamiento constituye una base para el conocimiento de muchas enfermedades. De hecho, distintos tipos de deshidratación se vinculan con la eficacia de las acuaporinas.

El trabajo de Roderick MacKinnon (1956-*) también se enfoca en un tipo de proteínas altamente especializadas de la membrana celular: los canales iónicos.

Al igual que las acuaporinas, los canales iónicos son diminutos poros hidrofílicos que se encuentran en la membrana de todas nuestras células, pero a diferencia de las primeras, estos no permiten el paso de agua, sino de iones inorgánicos como potasio, sodio, calcio y cloruro. En respuesta a un estímulo, el canal se abre y permite el flujo de iones entre el interior y el exterior de la célula.

En 1998, Roderick MacKinnon (1956-*) y sus colegas determinaron la estructura tridimensional de un poro que permite que las células controlen la entrada de iones potasio. Al determinar la estructura del poro o canal de potasio, MacKinnon y sus colegas resolvieron el acertijo que había tenido perplejos a los biofísicos por décadas: ¿Cómo hace un canal de potasio para permitir la entrada de millones de iones potasio por segundo, mientras que solo permite la salida de un ion sodio por cada 1.000 iones de potasio?

La respuesta es importante porque los canales de potasio son parte del aparato que mantiene el equilibrio iónico normal a través de la membrana celular. En células excitables, como las que se encuentran en nervios y músculos, por ejemplo, los canales ayudan a reestablecer la diferencia eléctrica entre el interior y el exterior de las células después de la excitación. Sin canales de potasio y de sodio, las neuronas no podrían generar señales eléctricas y los corazones no podrían latir rítmicamente.

MacKinnon y sus colegas produjeron grandes cantidades del canal de potasio de una bacteria llamada *Streptomyces lividans*. Luego, aislaron la proteína del canal de potasio en forma pura y determinaron cómo utilizarla para generar cristales ordenados apropiadamente, requisito previo para la determinación de la estructura de una molécula.

Figura 33. Roderick Mackinnon y Peter Agre, los galardonados con el premio Nobel de Química 2003.*

Después de bombardear los cristales con rayos X, MacKinnon y sus colegas pudieron deducir que el canal de potasio está compuesto de cuatro subunidades idénticas montadas de forma tal que se asemejan a una tienda indígena invertida. Encontraron que el extremo ancho de la tienda contiene los aminoácidos de secuencia característica, que se organizan para formar un túnel en el cual un ion debe caber de forma precisa para entrar a una célula. Si un ion es demasiado grande, no puede caber en el túnel; si es demasiado pequeño, no entra en el túnel porque no puede alinearse correctamente con los lados de este.

MacKinnon espera que los canales de potasio bacterianos sean útiles para el estudio de posibles nuevas drogas. Dos canales de potasio humanos tienen importancia médica inmediata: KATP, que está ubicado en las células beta del páncreas que secretan insulina, y HERG, que ayuda a los ventrículos del corazón a recargarse para que puedan volver a contraerse.

Pero es probable que muchos más canales de potasio se conviertan en blancos de ataque para el desarrollo de drogas en un futuro cercano. Enfermedades tales como la hipertensión y la epilepsia, por ejemplo, deben ser tratables mediante el control farmacológico del funcionamiento del canal de potasio.

---

* Fuente: Autor PotassiumChannel: <https://commons.wikimedia.org/wiki/File:RodMacKinnonPhoto.png>, Autor Nobel Media: <https://commons.wikimedia.org/wiki/File:Peter_Agre.jpg>.

AÑO 2003, PREMIO NOBEL DE FISIOLOGÍA Y MEDICINA

Se otorgó el premio Nobel en Fisiología y Medicina 2003 en forma conjunta al estadounidense Paul C. Lauterbur (1929-2007) y al británico Peter Mansfield (1933-2017) por sus descubrimientos relacionados con la obtención de imágenes por resonancia magnética (Figura 34). En particular, por los descubrimientos originales y de gran influencia en la evolución de nuevas ideas relacionadas con el uso de la resonancia magnética en la visualización de diferentes estructuras. Estos descubrimientos han conducido al desarrollo de los sistemas modernos de imagen por resonancia magnética, lo que representa un parteaguas en el diagnóstico e investigación médica.

La aportación principal de Paul C. Lauterbur fue aplicar la idea de que se pueden medir señales de resonancia magnética nuclear en la materia y usar estas señales para construir una imagen. La idea está basada en aplicar pequeñas variaciones o gradientes al campo magnético, dependientes de la posición para codificar en forma única la posición espacial del material al cual se le está extrayendo una señal de resonancia, para construir con ella una imagen.

El trabajo de Peter Mansfield inició con una idea muy similar a la anterior, es decir, la de aplicar gradientes en distintas direcciones para codificar la posición, pero haciéndolo de una forma más clara e intuitiva. Además, fue el primer proponente del concepto que dio origen a la idea de aplicar un gradiente específico para seleccionar cada corte, que en la actualidad es un concepto fundamental: el de «gradiente de selección de rebanada». Pero su contribución más importante fue el desarrollo de la idea que dio lugar a la técnica de imagen eco-planar. Esta técnica, al utilizar un cambio rápido y alternado en la polarización de los gradientes, hace posible adquirir la señal de resonancia de una forma más eficiente y por lo tanto mucho más rápida. Estas ideas fueron fundamentales para el desarrollo de técnicas que pudieran tener una aplicación real en la formación de imágenes clínicas.

En realidad, los dos científicos sin duda fueron quienes contribuyeron de forma significativa al desarrollo de esta técnica de imagen tan compleja, que en la actualidad es considerada posiblemente la de mejor resolución anatómica, principalmente en imagen del sistema nervioso central humano. Las imágenes de resonancia magnética (RM) son hoy día un método rutinario en el diagnóstico médico. En todo el mundo se llevan a cabo más de 60 millones de investigaciones con RM cada año y el método se encuentra en una fase de rápido desarrollo. La RM es con frecuencia mejor que otras técnicas de imagen y ha mejorado significativamente el diagnóstico de muchas enfermedades. La RM ha reemplazado a varios métodos de exploración invasivos y de esta forma se han reducido los riesgos y las molestias para muchos pacientes.

Figura 34. Paul C. Lauterbur y Peter Mansfield, los galardonados con el Premio Nobel de Fisiología o Medicina 2003.*

AÑO 2004, PREMIO NOBEL DE QUÍMICA

Los ganadores del Premio Nobel de Química 2004 fueron Aaron Ciechanover (1947-*), Avram Hershko (1937-*) e Irwin Rose (1926-2015), en el «descubrimiento de la degradación proteínica mediada por la ubiquitina», demostraron que la destrucción de las proteínas se produce de forma controlada, de tal manera que la célula marca las proteínas que se van a destruir con una molécula mucho más pequeña: la ubiquitina; es lo que se ha denominado el «beso de la muerte». Las proteínas así marcadas son fragmentadas y eliminadas por medio de unas enzimas celulares llamadas proteasas, y la ubiquitina queda libre para ser reutilizada en otro marcaje.

El nombre ubiquitina se debe a su ubicua presencia en casi todos los tipos de células. La ubiquitina es una proteína pequeña y muy conservada evolutivamente. Esta pequeña proteína se une a las proteínas que van a ser degradadas en un proceso denominado ubiquitinación. La ubiquitina actúa a modo de etiqueta para que la proteína blanco pueda ser reconocida por el proteosoma para su degradación. La proteína que se va a degradar debe unirse a no menos de 4 monómeros de ubiquitina para que el proteosoma pueda llevar a cabo su degradación hasta pequeños péptidos (Figura 35).

El descubrimiento de la trituradora encargada de degradar a las proteínas, denominada proteosoma, se debe a Hough, Pratt y Reichsteiner, en 1986,

---

* Fuentes: <https://elrincondeyanka.blogspot.com/2020/10/heroes-del-progreso-y-16-damadian.html>.

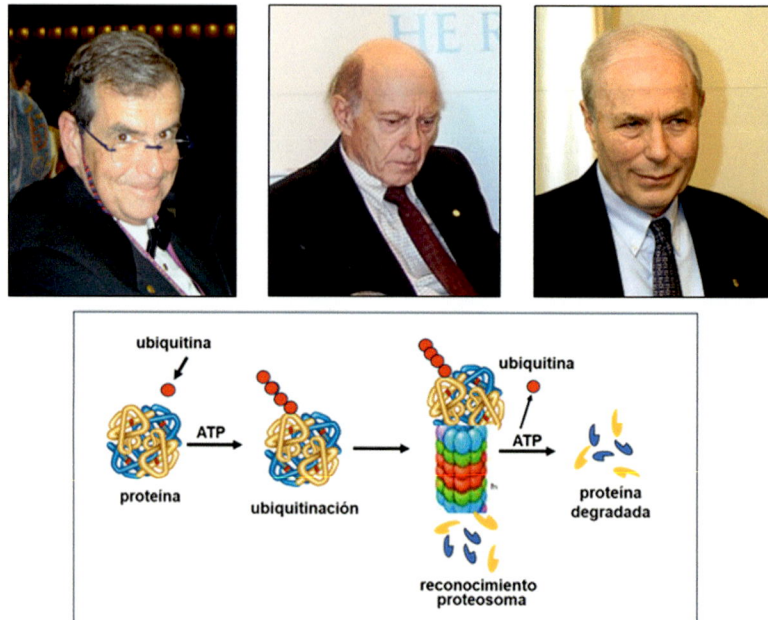

Figura 35. Aaron Ciechanover, Irwin Rose, Avram Hershko y un esquema de la vía ubiquitina-proteosoma.*

quienes la describieron como una multi-proteasa. Hicieron falta las investigaciones de Hershko, Rose y Ciechanover, para demostrar que este proteosoma puede reconocer a las proteínas ubiquitinizadas, desenrollar su plegamiento nativo y romper las uniones peptídicas. Sorprende, al tiempo que resulta natural que la ubiquitina misma no sea destruida por el proteosoma, sino que es liberada para su reutilización (Figura 35). Después de todo, la ubiquitina no habrá dejado de cumplir su función, en tanto aún existan proteínas por degradar, o en tanto, como otras proteínas, esta etiqueta mortal se vuelva inservible, al acumular daños por oxidación y otros inevitables procesos químicos secundarios. Cuando esto último ocurre, la ubiquitina también es degradada por el proteosoma.

La importancia del descubrimiento es alta ya que el procedimiento está implicado en algunas enfermedades humanas como el cáncer, la fibrosis quís-

*   Fuentes: Betsythedevine aka Betsy Devine Editing: Lucas - <File:AaronCiechanoverLindaBuck. jpg>, CC BY-SA 3.0, <https://commons.wikimedia.org/w/index.php?curid=11896834>, Avi Blizovsky: <https://commons.wikimedia.org/wiki/File:Nobel2004chemistrylaurets-Rose.jpg>, Autor Amos Ben Gershom: <https://commons.wikimedia.org/wiki/File:Flickr_-_Government_Press_Office_(GPO)_-_Nobel_Laureate_Avram_Hershko.jpg>.

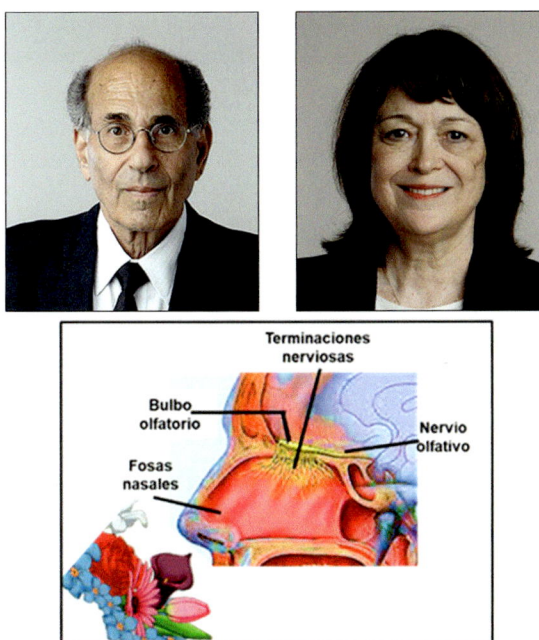

Figura 36. Richard Axel, Linda Brown Buck y un esquema del bulbo olfatorio.*

tica o el mal de Alzheimer, patologías en las cuales se observa un mal funcionamiento del mecanismo de eliminación de las proteínas. Así la proteína p53, conocida como «el guardián del genoma» tiene por misión reparar las moléculas de DNA eliminando mutaciones que pudieran ser peligrosas. Pues bien, en ciertas ocasiones esta proteína es degradada incorrectamente por la ubiquitina, provocándose la acumulación de mutaciones que acaban provocando cáncer.

AÑO 2004, PREMIO NOBEL DE FISIOLOGÍA Y MEDICINA

Los investigadores Richard Axel (1946-*) y Linda Brown Buck (1947-*) fueron galardonados con el premio Nobel del año 2004 en Fisiología y Medicina por sus descubrimientos pioneros que clarifican la forma en la que funciona el sistema olfativo, al descifrar el enigma del olfato y aclarar cómo un ser humano es capaz de distinguir entre diez mil distintos olores y recordarlos después.

---

* Fuentes: Autor Royal Society uploader: <https://commons.wikimedia.org/wiki/File:Professor_Richard_Axel_ForMemRS.jpg>, Autor Royal Society uploader: <https://commons.wikimedia.org/wiki/File:Linda_Buck_2015_(cropped).jpg>.

Axel y Buck descubrieron una gran familia de genes, la cual comprende unos 1.000 genes distintos (el tres por ciento de los genes humanos) que dan lugar a un número equivalente de distintos tipos de receptores olfativos. Estos receptores están situados en las células receptoras olfativas, que ocupan un área pequeña en la parte superior del epitelio nasal y detectan a las moléculas odoríferas que se inhalan (Figura 36).

Cada una de estas células posee un tipo de receptor de olor, y cada receptor puede detectar un número limitado de sustancias. Las células envían sus mensajes a distintos glomérulos del bulbo olfatorio, principal área del cerebro relacionada con el sentido del olfato.

El descubrimiento hizo posible el estudio del sentido del olfato por medio de técnicas de biología molecular y celular modernas, y la exploración de la forma en la que el cerebro distingue los olores. Los receptores odoríferos de seres humanos, ratones, bagres, perros y salamandras se han identificado de esta manera.

AÑO 2005, PREMIO NOBEL DE FISIOLOGÍA Y MEDICINA

John Robin Warren (1937-*) y Barry Marshall (1951-*) en el año 2005 les fue concedido el Premio Nobel de Fisiología y Medicina por el descubrimiento y tratamiento de la bacteria *Helicobacter pylori* causante de la úlcera de estómago una de las patologías más frecuentes de los seres humanos. Demostrando que la bacteria podía sobrevivir en el medio ácido del estómago.

Dispuesto a confirmar que la causa de las úlceras estomacales era una bacteria como ya apuntaba su maestro John Robin Warren, y que podría curarse con antibióticos, Marshall se inoculó a sí mismo el *Helicobater pylori*, una semana después, Marshall desarrolló todos los síntomas de una gastritis, y la biopsia reveló la infección por *Helicobacter pilori*. Fueron comienzos difíciles, en los que la teoría del germen de Marshall y Robin Warren se enfrentaba al escepticismo de la comunidad científica; el tiempo, sin embargo, ha acabado dándoles la razón y hoy en día todos los pacientes con úlcera péptica son tratados exitosamente con una combinación de antibióticos e inhibidores de la secreción de ácidos.

Barry Marshall, experto en medicina clínica, se interesó en los análisis de Warren y juntos iniciaron un estudio con biopsias a un centenar de pacientes. Tras varios intentos, Marshall logró cultivar una bacteria desconocida hasta el momento, y después bautizada como *Helicobacter pylori* en varias de esas biopsias (Figura 37). Los dos científicos comprobaron que la bacteria estaba presente en prácticamente todos los pacientes con inflamación gástrica, úlcera de duodeno o úlcera gástrica. Estudios epidemiológicos posteriores permitieron establecer que la *Helicobacter pylori* es la causa de más del 90% de las úlceras de duodeno y de hasta un 80% de las úlceras gástricas.

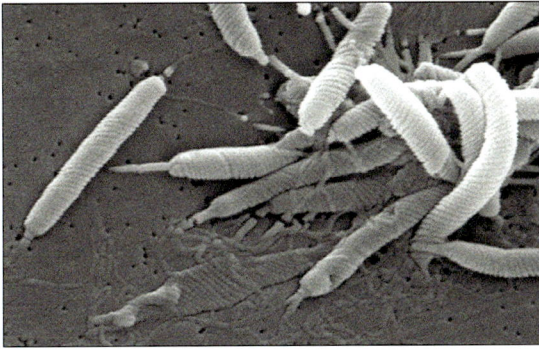

Figura 37. John Robin Warren, Barry Marshall y una micrografía electrónica de barrido de la bacteria *Helicobacter pilori*.*

AÑO 2006, PREMIO NOBEL DE FISIOLOGÍA Y MEDICINA

Andrew Z. Fire (1959-*) y Craig C. Mello (1960-*) han sido galardonados con el Premio Nobel de Fisiología y Medicina 2006 por el descubrimiento del RNA de doble banda o bicatenario (RNAds) que actúa como supresor específico de genes y que recibe el nombre de RNA interferente (RNAi).

En 1998 los investigadores describieron el mecanismo que degradaba el RNA mensajero e impedía que se sintetizaran determinadas proteínas. Nuestro genoma manda instrucciones para la creación de proteínas desde el DNA en el núcleo hasta la maquinaria de síntesis de proteínas que se encuentra en el citoplasma, el RNA de interferencia «engaña» a la célula, haciendo que se destruya el RNA mensajero antes de que se consiga producir la proteína. Es así como el RNA de interferencia consigue «silenciar» los genes.

* Fuentes: Autor A friend of Akshay Sharma: <https://commons.wikimedia.org/wiki/File:Robin_Warren.jpg>, Autor Barjammar: <https://commons.wikimedia.org/wiki/File:Barry_Marshall_2008.jpg>, Dr. Patricia Fields, Dr. Collette Fitzgerald: <https://commons.wikimedia.org/wiki/File:Helicobacter_sp_01.jpg>.

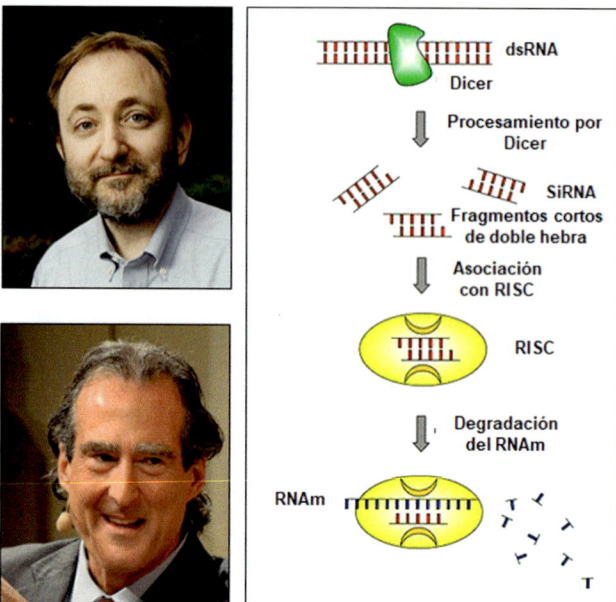

Figura 38. Andrew Z. Fire, Craig C. Mello y un esquema del mecanismo del RNA de interferencia.*

Se determinó que el fenómeno ocurría a nivel postranscripcional y se lo denominó silenciamiento de genes postranscripcional (PTGS por su sigla en inglés). Este hecho permanecería sin explicación hasta que Mello demostró que el fenómeno de PTGS era producido por la formación de RNA de doble cadena dsRNA, que finalmente degrada el RNAm e interrumpe de esta manera la secuencia específica del flujo de información genética desde el DNA hasta las proteínas. Fire bautizó el hallazgo como «interferencia por RNA o RNAi»; luego se demostró que es posible el silenciamiento específico de un gen mediante la introducción de una doble hebra de RNA (dsRNA) dentro de células eucariotas lleva a la degradación de una secuencia específica de transcritos de genes homólogos. Las hebras largas de RNA son metabolizadas a fragmentos cortos de doble hebra de 20-21 nucleótidos, denominados RNA interferente pequeño (en inglés small interfering RNA, siRNA), por una ribonucleasa llamada DICER, y luego la molécula de siRNA es enlazada a un complejo proteico denominado

RISC, del inglés RNA-induced silencing complex, donde las dos hebras se separan permitiendo a la hebra antisentido unirse al RNA blanco, el cual es degradado por medio de la actividad endonucleásica que contiene RISC2 (Figura 38).

El RNAi permitió desarrollar herramientas genéticas con la capacidad de silenciar cualquier gen del genoma de manera específica, mediante el empleo de pequeñas moléculas de RNAds denominados RNA interferentes pequeños (RNAip). La potencialidad de esta nueva tecnología impulsó el desarrollo de modelos fármaco-matemáticos que permiten el diseño y la obtención de RNAip con potencial farmacológico, a través de la búsqueda de las secuencias para el silenciamiento de genes específicos, responsables de la síntesis de proteínas nocivas para la célula y para silenciar genes esenciales para la replicación y la morfogénesis de varios virus de relevancia médica. El RNAi no solamente protege contra las infecciones virales, sino que además asegura la estabilidad genómica silenciando los elementos móviles (transposones y retrotransposones), controla la síntesis de proteínas, regula el desarrollo de organismos, mantiene la cromatina condensada suprimiendo la transcripción, y controla procesos evolutivos. Así pues, el RNAi es una herramienta eficaz para suprimir la expresión de genes de forma específica, por lo que su aplicación en medicina ha despertado un gran interés.

AÑO 2006, PREMIO NOBEL DE QUÍMICA

También en el año 2006 Roger D. Kornberg (1947-*) fue galardonado con el Premio Nobel de Química, por desentrañar la estructura tridimensional del complejo enzimático RNA polimerasa II de la levadura, esta enzima es clave en el proceso de transcripción genética en las células eucariotas, proceso mediante el cual se copia la información del DNA al RNA.

El proceso de trascripción comienza cuando la doble hélice del DNA se abre y se genera un filamento de RNA. La pregunta fundamental es cómo se produce este proceso ya que de la traducción correcta de la información va a depender la salud del nuevo organismo. Se considera que un fallo entre diez mil puede ser tolerado sin que el organismo sufra un serio deterioro. Se entiende que el mecanismo que debe asegurar que los aminoácidos sean copiados en el RNA de manera correcta debe ser muy específico. La llave del proceso la tiene una enzima llamada RNA-polimerasa que controla todo el proceso (Figura 39).

Kornberg en 2001, muestra la imagen de la RNA-polimerasa en plena acción. El aspecto verdaderamente revolucionario de la representación que Kornberg ha creado es que permite la visualización completa del proceso de trascripción. Lo que se puede ver es un filamento de RNA en construcción y las posición exacta del DNA durante el proceso. De una manera ingeniosa Kornberg ha logrado congelar el proceso de construcción del RNA. Para ello

Kornberg ha creado las formas cristalinas de las moléculas implicadas y ha «tomado una foto» de ellas usando rayos X. A partir de los datos cristalográficos obtenidos, un ordenador puede calcular las posiciones reales de átomos y moléculas. Este método de crear cristales de moléculas biológicas para poder representarlas es bastante común hoy día. Sin embargo, normalmente, vemos fotografías de complejos moleculares o moléculas individuales. Capturar la forma en la que una reacción química tiene lugar es muy difícil y no es suficiente ser un buen cristalógrafo para tener éxito. Kornberg combina en su trabajo la cristalografía y un conocimiento bioquímico profundo.

Además de esta detallada representación del papel de la RNA-polimerasa, Kornberg ha aportado importante información concerniente al proceso de trascripción mediante estudios cristalográficos de la RNA-polimerasa, DNA y RNA e importantes complejos conocidos como factores generales de la transcripción. Estas imágenes hacen posible comprender el mecanismo molecular que gobierna el proceso de transcripción.

Una de las mayores contribuciones de Kornberg fue un nuevo método de trabajo con las células de levadura. Las levaduras son células eucariotas, como las de los mamíferos, aunque su manipulación es mucho más sencilla. A pesar de esto el grupo de trabajo de Kornberg invirtió diez años afinando el procedimiento para poder usarlo en la investigación del proceso de trascripción y aunque los resultados tardaron en llegar, se pudo conseguir la producción de RNA-polimerasa y los factores generales de la trascripción (a partir de células de levadura) en la forma adecuada y la cantidad requerida para crear cristales con los cuales investigar.

Kornberg encontró otro complejo molecular que desempeñaba un papel importante como «interruptor» en el proceso de transcripción en las eucariotas. La hélice del DNA incluye partes llamadas «enhancers» (potenciadores) que se enlazan a sustancias muy específicas que se encuentran en los diferentes tejidos y que estimulan la transcripción de ciertos genes en determinados tejidos. En el hígado por ejemplo existe una sustancia que enlaza a un enhancer del DNA provocando la transcripción de un gen próximo. Sin embargo, en otras partes del cuerpo este gen específico nunca será activado ya que no está presente la sustancia necesaria para provocar el enlace. Kornberg descubrió que el proceso requiere la presencia de un nuevo complejo molecular que transmita la señal de iniciar o terminar la trascripción. Este complejo recibe el nombre de Mediador (Mediator). La enorme complejidad de los organismos eucariotas es posible por la sutil interacción entre sustancias específicas de los tejidos, enhancers del DNA y Mediator. El descubrimiento de Mediator es, por tanto, un verdadero hito en la comprensión del proceso de la transcripción.

El trabajo iniciado por Kornberg abrió las puertas para continuar tratando de dilucidar otras partes del proceso de transcripción. La cristalografía es una herramienta importante en este contexto porque la configuración espacial de

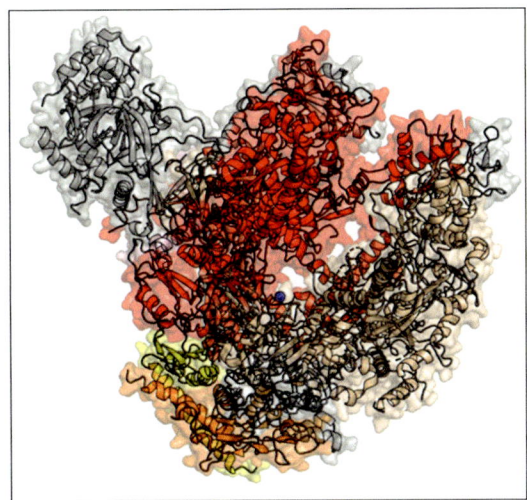

Figura 39. Roger D. Kornberg y la estructura de la RNA polimerasa II.*

los diferentes componentes del sistema de transcripción tiene un papel determinante. Es muy difícil llegar a la comprensión del proceso usando los métodos tradicionales de la química, ya que con ellos es imposible tener una idea de la distribución espacial de los átomos y las moléculas. Muchos de los componentes implicados en el proceso no sufren cambios químicos importantes por lo que se necesita «ver» físicamente las moléculas y las posiciones que ocupan en diferentes fases del proceso para comprender cómo tiene lugar la trascripción. La construcción gradual de una imagen de cómo tiene lugar la transcripción implica en última instancia comprender cómo la información genética genera la gran variedad de organismos vivientes que podemos observar. Entender cómo sucede esto en el cuerpo humano es algo de importancia médica fundamental.

AÑO 2007, PREMIO NOBEL DE FISIOLOGÍA Y MEDICINA

El Premio Nobel de Fisiología y Medicina 2007, fue otorgado a tres genetistas: Oliver Smithies (1925-2017), Martin J. Evans (1941-*) y Mario R. Capecchi (1937-*) (Fig. 40). Por sus descubrimientos referentes a las células madre embrionarias y a la recombinación de DNA en mamíferos, permitieron la generación de ratones *knock-out*, unos modelos animales importantísimos

---

* Fuentes: Autor Dr Saptarshi: <https://commons.wikimedia.org/wiki/File:Roger.Kornberg.jpg>, Autor litvinanna: <https://commons.wikimedia.org/wiki/File:RNA_Polymerase_II.png>.

en investigación en el ámbito de la genética, que ha permitido desactivar a elección de los científicos diversos genes en ratones y avanzar en el conocimiento de varias enfermedades humanas.

El término *knock-out*, en relación con la genómica, se refiere al uso de ingeniería genética para inactivar o eliminar uno o más genes específicos de un organismo. Los científicos crean organismos *knock-out* para estudiar el impacto de la eliminación de un gen de un organismo, lo que a menudo les permite aprender algo sobre la función de ese gen.

Gracias a sus descubrimientos, es posible ahora producir casi cualquier tipo de modificación del DNA en el genoma del ratón, permitiendo establecer el papel de genes aislados en determinadas enfermedades. La experimentación genética ha conseguido ya más de quinientos modelos experimentales en ratón con enfermedades humanas, como diabetes, cáncer, enfermedades cardiovasculares y neurodegenerativas.

Martin Evans identificó y aisló las células madre de embriones de ratón en estadios precoces. Estas son las precursoras de todas las demás células del organismo ya que no solo se autorrenuevan sino que son capaces de dar origen a un embrión completo. Evans logró aislar esas células, cultivarlas *in vitro*, manipular su material genético y, luego de combinarlas con células de un embrión normal, implantarlas en una madre sustituta para dar así origen a un nuevo individuo genéticamente modificado. Los cambios producidos en el laboratorio son de esta manera transmitidos a las nuevas generaciones porque están presentes en las células germinales. La obtención de individuos cuyas células poseen genes mutados, es decir, con instrucciones genéticas modificadas experimentalmente, demostró ser el paso decisivo en este desarrollo.

Mientras tanto, Mario Capecchi y Oliver Smithies buscaban el modo de alterar específicamente el genoma de los mamíferos, Capecchi con la idea de insertar nuevos genes en las células y Smithies con la esperanza de corregir los defectos genéticos que producen enfermedades. De manera independiente, encontraron el modo de utilizar la recombinación homóloga de segmentos de la molécula de DNA para identificar genes en el genoma de mamíferos y desarrollaron métodos que abrieron el camino para la obtención de ratones genéticamente modificados. No fue este un camino sencillo y en las instancias iniciales sus propuestas fueron recibidas con escepticismo y no contaron con el apoyo de las agencias que financian la investigación científica. Marcar esos genes supone, en primer lugar, identificarlos y luego manipularlos. Hoy resulta factible hacerlo en el ratón hasta un nivel comparable al que se realiza en organismos mucho más sencillos como las bacterias y los hongos. El procedimiento diseñado por Capecchi y Smithies resultó ser muy original. Aunque se trata de una manipulación compleja, en esencia, permite producir la modificación deseada de manera muy precisa en un gen determinado de los más de 20.000 que contiene el DNA de una célula madre embrionaria del ratón, es decir, las células cultivadas de acuerdo con el procedimiento descrito por Evans. En sus experimentos utilizando timidina cinasa (enzima que pertenece al grupo de las fosfotransferasas), Capecchi demostró que era posible lograr el intercambio de segmentos de DNA portadores de la información genética necesaria para sintetizar esa proteína en células que carecían de ella. Ese intercambio tenía lugar entre el DNA introducido en la célula y el DNA propio de esta, como consecuencia del proceso de «recombinación homóloga», similar al que se produce normalmente entre los genes de los cromosomas homólogos durante la meiosis. Por su lado, los experimentos de Smithies sugirieron que los genes propios de la célula podían ser seleccionados independientemente de la actividad que desarrollaran, es decir, que esta recombinación homóloga tenía alcances generales. Este procedimiento de recombinación homóloga de segmentos de DNA, unido al método de aislamiento y manipulación de las células madre embrionarias descrito por Evans, al cabo del proceso apropiado para seleccionar las células con la modificación deseada, permitió producir en 1989 ratones «noqueados» (knock-out). Esta denominación surgió del hecho de que un gen específico no puede expresarse porque ha sido inactivado, puesto fuera de juego. El desarrollo de los cultivos de las células madre embrionarias, la demostración que esas modificaciones genéticas pueden transmitirse a las células de la línea germinal y manifestarse en la descendencia, la observación que la recombinación genética se produce con alta frecuencia en el genoma de los mamíferos, la aplicación de métodos de transferencia genética a las células madre embrionarias y el diseño de estrategias para seleccionar las células así alteradas, fueron los distintos elementos que permitieron armar el rompecabezas que condujo a la producción de cepas de ratones genéticamente modificados, los conocidos como «ratones de diseño».

Previamente a la modificación genética en ratones, nuestra comprensión de la función de los genes en los organismos superiores solo podía ser deducida de las observaciones realizadas a propósito de mutaciones espontáneas en pacientes y en animales de experimentación, estudios de asociación, administración de productos génicos a los animales y, en alguna medida, mediante experimentos en cultivos celulares. Pero los hallazgos comentados iniciaron una nueva era en la investigación biomédica contemporánea porque resultó posible analizar experimentalmente las hipótesis vinculadas con la función de prácticamente cada uno de los genes. Puesto que los ratones comparten un 95% de sus genes con los seres humanos de allí que se los considere «seres humanos de bolsillo» ha resultado posible crear modelos experimentales de numerosas enfermedades que afectan al ser humano, lo que constituye un avance trascendental en el progreso del conocimiento de su mecanismo de producción y una herramienta muy apropiada para la investigación de po-

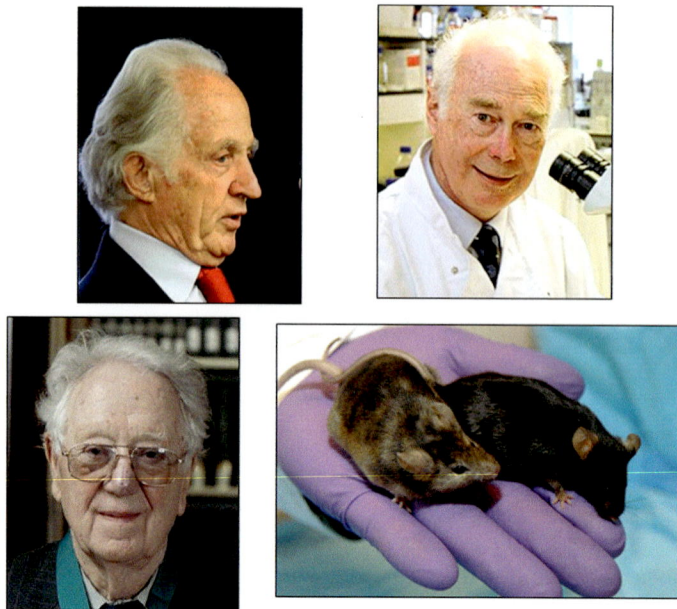

Figura 40. Los galardonados con el premio Nobel de Medicina 2007: Oliver Smithies, Martin J. Evans y Mario R. Capecchi, y una fotografía de ratones Knock-out el ratón de la izquierda se le ha bloqueado un gen del crecimiento de pelo, mientras que el de la derecha es un ratón normal.*

sibles tratamientos. La industria biotecnológica ha basado gran parte de su progreso en este avance, hoy una tecnología corriente en laboratorios de investigación de todo el mundo.

Finalmente, resulta evidente que, en el futuro, el diseño de nuevos tratamientos para corregir defectos genéticos en el ser humano se basará en la experiencia surgida a partir de la modificación genética en ratones, sustentada en los descubrimientos realizados por Mario Capecchi, Martin Evans y Oliver Smithies. Es indudable que, como en el caso de todos los grandes logros científicos, habrá un antes y un después de la aparición de estos ratones «noqueados.» Estos animalitos, contrariamente a lo que sugiere su denominación, circulan vivaces por los laboratorios de todo el mundo revolucionando la ciencia y desempeñando un papel esencial en el avance de nuestro conocimiento biológico.

---

* Fuentes: Autor Thaler Tamás: <https://commons.wikimedia.org/wiki/File:MarioCapecchiFoto ThalerTamas.jpg>, Autor Cardiff University: <https://commons.wikimedia.org/wiki/File:Martin_ Evans_Nobel_Prize.jpg>, Fotografía Douglas A. Lockard: <https://commons.wikimedia.org/wiki/ File:Oliver_Smithies_HD2009_AIC_Gold_Medal_portrait_%28cropped%29.jpg>, Autor Maggie Bartlett, NHGRI: https://commons.wikimedia.org/wiki/File:Knockout_Mice5006-300.jpg>.

AÑO 2008, PREMIO NOBEL DE FISIOLOGÍA Y MEDICINA

Françoise Barré-Sinoussi (1947-*) y Luc Montagnier (1932-2022) fueron galardonados con el premio Nobel de Medicina y Fisiología en 2008, por el descubrimiento del virus de inmunodeficiencia humana (VIH), causante del sida; dicho galardón fue compartido con Harald Zur Hausen (1936-*), quien fue premiado por el descubrimiento de los virus del papiloma humano que causa cáncer cervical (Figura 41).

Barré-Sinoussi y Montagner postularon la presencia de un retrovirus al detectar actividad de la transcriptasa inversa en glóbulos blancos y ganglios de pacientes con SIDA, lo que abrió las puertas a las pruebas de diagnóstico y detección del VIH en la sangre de donantes y permitió la investigación de fármacos contra esta enfermedad, lo que redundará, no cabe duda, en el próximo desarrollo de una vacuna eficaz. La contribución de Barré-Sinoussi no se limita únicamente al descubrimiento del virus ya que ha seguido investigando sobre el VIH/SIDA durante toda su carrera. Son importantes sus trabajos sobre el aspecto de la respuesta inmune adaptativa de la infección viral, el estudio del papel de las defensas inmunitarias innatas del huésped en el control del VIH/SIDA, los estudios sobre los factores que intervienen en la transmisión madre a hijo o las investigaciones sobre las características que permiten que algunas personas con VIH puedan limitar la replicación del virus sin medicamentos antirretrovirales.

Pero no solo eso. La aportación de Françoise Barré-Sinoussi va más allá. Ha sido una de las caras más visibles de la lucha contra el VIH/SIDA a lo largo de todo el mundo, trabajando en diferentes sociedades y comités. Desde la década de los ochenta ha implantado programas y redes multidisciplinares en países como Camboya o Vietnam para crear centros de diagnóstico y tratamiento de la enfermedad, potenciando especialmente la relación entre investigación básica y clínica. También ha tomado parte en programas de información y educación sobre el virus y sus vías de infección.

Por su parte, el Dr. zur Hausen, demostró que, efectivamente, el VPH es una familia heterogénea de virus y que solo algunos tipos provocan cáncer. En 1984 clonó dos tipos de VPH (-16 y -18) y condujo al desarrollo de una prueba de detección de este virus en pacientes y productos sanguíneos, lo que sirvió para frenar la expansión de la pandemia del VIH/SIDA. Sus hallazgos sobre el ciclo de replicación viral condujeron también al desarrollo de varias clases de fármacos antivirales.

Posteriormente se hallaron estos tipos de VPH en alrededor del 70% de las biopsias de cáncer cervical en muchas partes del mundo. Hoy en día se conocen más de cien fenotipos distintos de VPH. Al poner sus hallazgos a disposición de la comunidad científica, hizo posible el posterior desarrollo de

Figura 41. Françoise Barré-Sinoussi, Luc Montagnier, Harald zur Hausen, galardonados con el premio Nobel de Medicina y Fisiología en 2008.*

vacunas contra el cáncer de cuello uterino que proporcionan una protección de alrededor del 95% frente a la infección por VPH -16 y -18. Esto puede reducir de forma drástica la prevalencia global del VPH, un virus que causa más del 5% de los cánceres en todo el mundo.

Las aportaciones científicas de Harald zur Hausen permitió desarrollar una vacuna contra el VPH, comercializada a partir del 2006 y que se ha convertido en una de las estrategias mundiales para disminuir el cáncer del cuello uterino que desafortunadamente continúa siendo la segunda causa de muerte por cáncer en la mujer en el mundo.

AÑO 2009, PREMIO NOBEL DE FISIOLOGÍA Y MEDICINA

El premio Nobel de Fisiología y Medicina 2009 fue otorgado a tres científicos, Elizabeth Blackburn (1948-*), Carol Greider (1961-*) y Jack Szostak (1952-*), por sus descubrimientos sobre los telómeros y de cómo la enzima telomerasa protege los cromosomas y los protege del proceso de envejecimiento (Figura 42).

Elizabeth Blackburn, estudiando los cromosomas de Tetrahymena (un organismo unicelular ciliado) encontró unas secuencias de DNA repetidas, localizadas en los extremos de los cromosomas, cuya función era desconoci-

---

*Fuentes: Autor Prolineserver: <https://commons.wikimedia.org/wiki/File:Fran%C3%A7oise_Barr%C3%A9-Sinoussi-press_conference_Dec_06th,_2008-1.jpg>, Autor Prolineserver: <https://commons.wikimedia.org/wiki/File:Luc_Montagnier-press_conference_Dec_06th,_2008-6.jpg>, Autor Kuebi: <https://commons.wikimedia.org/wiki/File:Harald_zur_Hausen_01.jpg>.

da. Independientemente, Jack Szostak había observado que al introducir en la levadura moléculas de DNA lineal, conocidas como minicromosomas, estas eran completamente degradadas. En 1980, Blackburn presentó su descubrimiento en un congreso, al que también asistía Szostak. Decidieron fusionar las secuencias repetidas de Tetrahymena en los extremos de los minicromosomas e introducirlo en la levadura. El resultado fue increíble, estos minicromosomas no eran degradados. El telómero de un organismo (Tetrahymena) protegía a los minicromosomas insertados en otro organismo, la levadura. Blackburn también había notado que los telómeros de Tetrahymena experimentaban cambios en su tamaño, con contracciones y expansiones, lo cual sugería que Tetrahymena podía crear DNA nuevo. Blackburn y Carol Greider, que entonces era estudiante predoctoral, decidieron investigar la existencia de un enzima capaz de añadir DNA nuevo en los telómeros. En 1985, Greider, detectó actividad enzimática en extractos de Tetrahymena y purificó una enzima al que denominaron telomerasa. El uso de la telomerasa para resolver el problema de la replicación terminal está conservado en casi todos los organismos eucariotas. Greider y Blackburn mostraron que la enzima telomerasa tenía un componente proteico y otro de RNA que servía de molde para añadir DNA en el telómero (Figura 41). Posteriormente, la identificación de mutantes defectuosos en los componentes de la telomerasa en levadura y la generación del ratón transgénico desprovisto del componente de RNA de la telomerasa, demostraron que la telomerasa es necesaria para prevenir el deterioro telomérico de las células y el envejecimiento del organismo. En el organismo adulto la telomerasa está inactivada en la mayor parte de las células (excepto en las células madre y germinales). Por tanto, cuando estas se dividen, sus telómeros se acortan causando el envejecimiento del organismo. Pero la ausencia de telomerasa funciona como un mecanismo antitumoral, ya que los ratones desprovistos de telomerasa son resistentes a la formación de tumores. De acuerdo con este hecho, no es sorprendente que el 90% de los tumores presenten una actividad telomerasa anormalmente alta comparada con tejido sano. Actualmente se está estudiando la telomerasa como blanco para tratamientos terapéuticos.

Los anteriores descubrimientos son clave para comprender los mecanismos que permiten conservar la información genética después de cada ciclo celular. También podemos comprender la limitación del número de veces que podemos cultivar una misma línea celular en el laboratorio si suponemos que los telómeros se acortan progresivamente tras cada replicación. Actualmente, el estudio de los telómeros y la telomerasa es, por sus aplicaciones biomédicas, un campo de investigación de gran actividad. Por ejemplo, el acortamiento progresivo de los extremos del DNA cromosómico a largo de las replicaciones da lugar a una inestabilidad genética, una vez que los telómeros se han perdido y el DNA codificante se empieza a degradar. Esta inestabilidad suele

Figura 42. Elizabeth Blackburn, Carol Greider, Jack Szostak y un cromosoma indicando sus telómeros en morado.*

resolverse en la muerte celular, pero también puede conducir a la aparición de un tumor por un mecanismo dependiente de p53. Por otra parte, la actividad telomerasa de células tumorales suele ser anormalmente elevada, lo cual es necesario para que estas células puedan dividirse un número ilimitado de veces. También otros procesos como el envejecimiento y algunas enfermedades hereditarias se estudian desde la perspectiva de los telómeros y la telomerasa. En resumen, los descubrimientos de E. Blackburn, C. Greider y J. Szostak han sido cruciales para entender la relación entre la estructura de los cromosomas, el cáncer, el envejecimiento y la biología de las células madre. Los investigadores están buscando activamente drogas que tengan como blanco la telomerasa como una forma de tratar una amplia variedad de cánceres.

---

* Fuentes: <https://commons.wikimedia.org/wiki/File:Elizabeth_Blackburn_CHF_Heritage_Day_2012_Rush_001.jpg>, Autor Gerbi: <https://commons.wikimedia.org/wiki/File:Carol_Greider_2009-01.jpg>, Autor Prolineserver: <https://commons.wikimedia.org/wiki/File:Nobel_Prize_2009-Press_Conference_Physiology_or_Medicine-16.jpg>, Autor Diah Salgado: <https://commons.wikimedia.org/wiki/File:Telomero_extremos_morado.png>.

Figura 43. Ada E. Yonath, Venkatraman Ramakrishnan, Thomas A. Steitz los galardonados con el Premio Nobel de Química 2009.*

AÑO 2009, PREMIO NOBEL DE QUÍMICA

Venkatraman Ramakrishnan (1952-*), Thomas A. Steitz (1940-2018) y Ada E. Yonath (1939-*) son los galardonados con el Premio Nobel de Química 2009 por mostrar a nivel atómico el funcionamiento y la estructura de los ribosomas, la fábrica celular de proteínas (Figura 43). Los tres investigadores han utilizado la técnica de cristalografía de rayos X para mapear la posición de cada uno de los cientos de miles de átomos que constituyen estos organelos. Para realizar cristalografía de rayos X, los cristales de la proteína se bombardean con intensos rayos X. A medida que los rayos X rebotan y pasan a través de los átomos del cristal, dejan un patrón de difracción, que se puede entonces analizar para determinar la forma tridimensional de la proteína. Sus trabajos, determinaron la estructura de los ribosomas, revelaron los modos de acción de más de una docena de familias de antibióticos, abriendo así el camino para el desarrollo de otros nuevos, que actuasen sobre el ribosoma de los agentes patógenos, evitando el problema de la resistencia, lo que facilita la creación de métodos más eficaces para la curación de enfermedades. Su trabajo hizo posible la creación de varios medicamentos que funcionan bloqueando la función de los ribosomas de bacterias.

Los resultados alcanzados por los tres galardonados están resultando decisivos en la comprensión del funcionamiento del ribosoma a nivel atómico. No obstante, probablemente se necesitarán todavía años de trabajo para poder responder a las muchas incógnitas que continúan existiendo. Entre esos retos ocuparían un lugar destacado los estudios estructurales de alta resolución sobre el ribosoma eucariota.

---

* Fuentes: <https://commons.wikimedia.org/wiki/File:Ada_Yonath_2013_January_CHF.jpg>, Autor Royal Society uploader: <https://commons.wikimedia.org/wiki/File:Venki_Ramakrishnan_(cropped).jpg>, Autor Prolineserver: <https://commons.wikimedia.org/wiki/File:Nobel_Prize_2009-Press_Conference_KVA-11.jpg>.

AÑO 2010. PREMIO NOBEL DE FISIOLOGÍA Y MEDICINA

Robert Edwards (1925-2013) ha sido el ganador del Premio Nobel de Medicina y Fisiología 2010, por el «desarrollo de la fecundación *in vitro*» (FVI).

La idea de dar nueva vida permitiendo al espermatozoide y el óvulo reunirse en los alrededores bien regulados del laboratorio es algo que hemos llegado a considerar normal. Pero esto no siempre fue así. Cuando Edwards comenzó con su visión de ayudar a las parejas infértiles, que son un 10% de las parejas en todo el mundo, mediante la fertilización de óvulos de las madres fuera del cuerpo, para luego volver a colocarlos en el útero, era relativamente poco lo que se sabía del tema.

Aunque otros científicos habían demostrado que los óvulos de conejos pueden ser fertilizados en tubos de ensayo dando lugar a descendencia, esto nunca se había realizado con óvulos humanos. Para lograr esta hazaña Edwards junto con varios compañeros de trabajo diferentes, hizo una serie de descubrimientos fundamentales. Aclaró cómo las diferentes hormonas regulan la maduración de óvulos humanos, y cuándo estos son susceptibles de ser fertilizados. También determinó las condiciones en que los espermatozoides se activan y tienen la capacidad de fertilizar el óvulo.

En 1969, por primera vez, un óvulo humano fue fertilizado en un tubo de ensayo, pero no se desarrolló más allá de una simple división celular, porque no había madurado en el ovario. Edwards entonces se contactó con el ginecólogo Patrick Steptoe uno de los pioneros en la laparoscopia, quien utiliza este instrumento para extraer óvulos durante la ovulación, los mismos que Edwards pone en el cultivo celular al que añadió esperma. Los óvulos fertilizados ahora se dividieron en varias ocasiones y formaron embriones tempranos.

Estos primeros estudios fueron prometedores, pero el Consejo de Investigación Médica decidió no financiar la continuación del proyecto. Sin embargo, una donación privada permitió que el trabajo continuara. En 1978, Lesley y John Brown acudieron a la clínica después de nueve años de intentos fallidos de tener un hijo. El tratamiento de fecundación *in vitro* se llevó a cabo, y cuando el huevo fertilizado se había convertido en un embrión de 8 células, se lo implantó en el útero de la señora Brown. Una bebé sana, Louise Joy Brown, nació por cesárea después de un embarazo a término, el 25 de julio de 1978 (Figura 44). La FIV se había movido de la visión a la realidad y una nueva era en la medicina había comenzado.

Luego de ese histórico acontecimiento Edwards y Steptoe fundaron una clínica de infertilidad en Bourn Hall, en Cambridge, Reino Unido, donde continuaron perfeccionando la técnica. A pesar de los contratiempos iniciales, el legado de Edwards ha permitido el nacimiento de más de cuatro millones de niños gracias a las técnicas de reproducción asistida.

Figura 44. Robert Edwards junto con la primera «niña probeta» Louise Brown.*

Actualmente la primera generación de bebés FIV está actualmente en edad adulta y muchos ya tuvieron hijos, lo cual es la confirmación definitiva de la seguridad general del procedimiento. El trabajo de Edwards sobre las células embrionarias y blastocistos también fue instrumental para el trabajo posterior que resultó en la derivación de células madre embrionarias humanas, que ha sido importante para nuestro entendimiento de la diferenciación celular, y puede ser importante en la medicina regenerativa en el futuro.

AÑO 2011. PREMIO NOBEL DE FISIOLOGÍA Y MEDICINA

El premio Nobel de Medicina 2011, fue compartido por Bruce Beutler, Jules Hoffmann, y Ralph Steinman por sus investigaciones sobre el sistema inmunitario (Figura 45). El sistema inmunitario es un conjunto de órganos (bazo, timo), tejidos (médula ósea, amígdalas, ganglios linfáticos), células (glóbulos blancos) y productos derivados de estas células (anticuerpos y citocinas) que se encuentra distribuido por todo el organismo. Tiene como misión proteger al individuo, para lo cual efectúa dos procesos esenciales: el reconocimiento y la defensa. Se encarga de distinguir, permanentemente, aquello que es propio y forma parte del organismo de lo que es extraño a él y, potencialmente, perjudicial. Además, es un complejo sistema defensivo frente a agresiones y ataques, tanto del exterior (bacterias, virus, hongos, protozoos, helmintos, etc.) como

---

* Fuentes: <https://www.independent.ie/news/test-tube-baby-brown-hails-pioneers/29447770.html>.

del interior (células degeneradas o tumorales). Es, por tanto, un sistema de cuyo funcionamiento e integridad depende la supervivencia.

Hoffman y Beutler descubrieron unos receptores en las células capaces de reconocer los patógenos y activar la respuesta defensiva del organismo. En 1996, Jules Hoffmann descubrió que la mutación en un gen de la mosca del vinagre, denominado Toll, impedía que pudieran luchar contra las infecciones. Dos años después, Bruce Beutler describió que la proteína codificada por ese gen Toll, y que actuaba como un receptor (que denominó Toll-like receptor o TLR), era la responsable de reconocer ciertos productos bacterianos (como, por ejemplo, lipopolisacáridos o LPS) y que este acoplamiento de los TLR con los LPS era la señal desencadenante de la estimulación de algunos tipos celulares del sistema inmune, como células dendríticas, neutrófilos y macrófagos, y de la activación de la respuesta defensiva de estas células frente a la infección. Por lo tanto, ambos contribuyeron al descubrimiento de que los receptores Toll son una familia de proteínas capaces de reconocer diversos productos microbianos y que sin ellos el cuerpo es vulnerable frente a un gran número de infecciones.

Los TLR se componen de tres regiones. La región extracelular, compuesta por dominios ricos en aminoácido leucina, encargado de la especificidad de ligando, denominados LRR (Leucine-rich repeats). Una región transmembrana α-hélice simple, responsable de la homodimerización y heterodimerización de estos receptores, necesario para desencadenar la cascada de señalización. Una región intracelular con un dominio que es homólogo a IL-1R (interleukin-1 receptor) conocido como dominio Toll/IL-1R (TIR), necesario en la cascada de señalización cuya función es interaccionar con TIRAP (TIR-containing adaptor protein) y TRAM (TRIF-related adaptor molecule), que posteriormente reclutan a MyD88 (myeloid differentiation primary response 88) y TRIF (TIR domain-containing adaptor-inducing IFN-β) respectivamente. Todas estas proteínas contienen un dominio TIR que interacciona con el dominio intracelular de los dímeros de TLR mediante interacciones TIR-TIR.

Los receptores tipo Toll (TLR) se dividen en dos grupos: los que se localizan en la superficie celular y los que se localizan en el retículo endoplásmico y aparato de Golgi.

Estas investigaciones pioneras han llevado en la actualidad a haberse identificado ya más de una docena de TLR, tanto en humanos como en ratones.

Ralph Steinman describió en 1973 una nueva estirpe celular, con ramificaciones en su citoplasma: las denominadas células dendríticas. Su función es hacer de intermediarias entre la presencia de un antígeno (son las principales células presentadoras de antígenos) y la activación de los linfocitos. Estas células están presentes en los epitelios y en las membranas mucosas

Figura 45. Bruce Beutler, Jules Hoffmann, Ralph Steinman los galardonados con el Premio Nobel de Medicina 2011.*

de la nariz, los pulmones y los intestinos, donde contactan rápidamente con los patógenos invasores, los fagocitan y procesan, exponiendo en su superficie celular algunos antígenos del microorganismo invasor. A continuación, las células dendríticas activadas migran a los tejidos linfoides secundarios, donde presentan los antígenos a los linfocitos T específicos, que se activan y proliferan, para iniciar la respuesta inmunitaria celular específica eficaz contra el agresor.

Desde un punto de vista didáctico e integrador, se pueden resumir estos trabajos diciendo que Hoffman y Beutler han descrito nuevos receptores celulares responsables de la respuesta inmunológica innata que constituye la primera línea de defensa de nuestro organismo. Por otro lado, Steinman, describió las células dendríticas, que precisamente a través de los TLR, son capaces de reconocer patógenos que fagocitan y destruyen, como parte de la respuesta innata, para posteriormente, activar en periferia respuestas inmunitarias específicas (inmunidad adaptativa o adquirida).

Las investigaciones de estos tres científicos han sido fundamentales en el desarrollo de nuevas estrategias para el tratamiento de las enfermedades infecciosas, neoplásicas, autoinmunes y alérgicas. Así, el desarrollo de nuevos adyuvantes de origen bacteriano que utilizan la activación de los TLR unidos a antígenos determinados (proteínas virales, pólenes, etc.) se contempla como una de las vías más esperanzadoras para la lucha contra este tipo de enfermedades.

---

* Fuentes: Autor Holger Motzkau: <https://commons.wikimedia.org/wiki/File:Nobel_Prize_2011-Press_Conference_KI-DSC_7512.jpg>, Autor Holger Motzkau: https://commons.wikimedia.org/wiki/File:Nobel_Prize_2011-Press_Conference_KI-DSC_7584.jpg>, Autor Kupal 123: <https://commons.wikimedia.org/wiki/File:RMSt.jpg>.

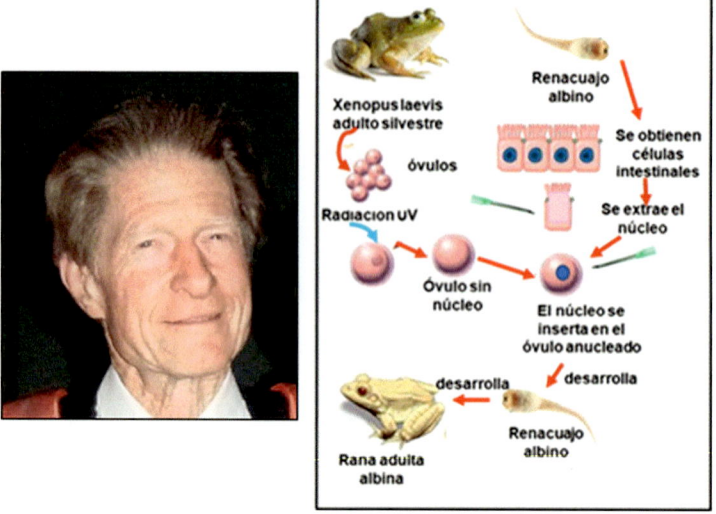

Figura 46. John B. Gurdon y la descripción de su experimento realizado en rana.*

AÑO 2012. PREMIO NOBEL DE FISIOLOGÍA Y MEDICINA

El científico británico John B. Gurdon (1933-*) y el japonés Shinya Yamanaka (1962-*) han ganado el premio Nobel de Medicina 2012 por sus investigaciones pioneras en clonación y células madre.

Gurdon, sentó las bases de la clonación en experimentos realizados en ranas en 1962. Sus investigaciones fueron clave para la clonación de la oveja Dolly y, posteriormente, de mamíferos de otras especies. Demostró que la especialización de las células es reversible. Su investigación fue inicialmente recibida con escepticismo, pero finalmente aceptada después de que otros científicos confirmaran sus resultados.

Gurdon en su experimento, extrajo el núcleo de un óvulo de rana y lo sustituyó por el núcleo de una célula intestinal, también de rana. Si el desarrollo de un organismo fuera un viaje de sentido único, como se pensaba entonces, la célula intestinal no hubiera podido volver atrás para ser de nuevo un óvulo. Observó que, a partir del óvulo en que había introducido el núcleo de una célula intestinal, se desarrolló un renacuajo perfectamente normal (Figura 46). Por lo tanto, sí podía volver atrás. Había reprogamado el óvulo. Mostró evi-

---

* Fuente: Autor Deryck Chan: <https://commons.wikimedia.org/wiki/File:John_Gurdon_Cambridge_2012.jpg>.

dencia contundente de que el proceso de diferenciación celular, hasta alcanzar la madurez presente en las células del adulto, no involucra alteraciones en el contenido y estructura del ácido desoxirribonucleico (DNA), y por tanto marca el nacimiento, ahora de moda, de la epigenética, donde el principio es que la diferencia entre las células no se debe a cambios estructurales en el genoma, sino a cambios en la actividad de sus unidades funcionales (p. ej., los genes).

Shinya Yamanaka, sentó las bases de las investigaciones actuales con células madre al demostrar en 2006 cómo se pueden obtener las llamadas células madre pluripotentes a partir de células adultas. Las células pluripotentes tienen el potencial de diferenciarse en cualquier otra célula del organismo, por lo que se espera poder utilizarlas en un futuro próximo para regenerar órganos y tejidos dañados.

Antes de estos descubrimientos, biólogos y médicos pensaban que el desarrollo de un organismo es un viaje en sentido único. Desde la concepción hasta la muerte, las células se transforman para formar unos tejidos u otros. Una vez transformadas, se pensaba, no pueden volver atrás. Es decir, no pueden reprogramarse.

Yamanaka, por su parte, se preguntó por qué las células de un embrión tienen la capacidad de convertirse en cualquier tejido del organismo. Razonó que esta capacidad tenía que estar regulada por algunos genes y empezó a buscar genes candidatos.

En aquel momento, hace aproximadamente una década, había una gran expectación en torno a las investigaciones con células madre embrionarias para desarrollar terapias de medicina regenerativa. Pero las investigaciones con células embrionarias se veían obstaculizadas por el rechazo de algunos sectores religiosos. Y planteaban además un inconveniente técnico: aunque se desarrollaran tejidos a partir de células embrionarias para regenerar órganos enfermos, una vez se implantaran en los pacientes serían rechazados por su sistema inmunitario. En cambio, razonó Yamanaka, si se pudieran crear células madre a partir de células de los propios pacientes, no serían rechazadas por el sistema inmunitario. Y tampoco serían rechazadas por los sectores religiosos contrarios a utilizar células embrionarias.

En una investigación que revolucionó el campo de la medicina regenerativa, Yamanaka descubrió que solo cuatro genes eran suficientes para transformar células adultas en células como las de un embrión a las que llamó células madre plutipotentes inducidas, más conocidas como células iPS. A diferencia del descubrimiento de Gurdon, que había sido recibido con escepticismo, el de Yamanaka fue reconocido inmediatamente como un hito.

Las células madre pluripotentes inducidas o reprogramadas, llamadas iPS, son células especializadas que mediante un tratamiento experimental en el laboratorio se convierten en células similares a las células madre embrio-

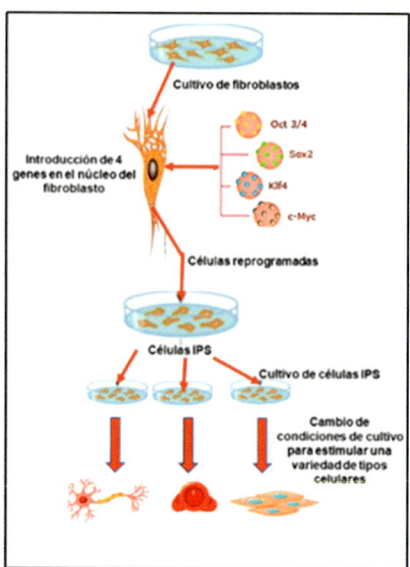

Figura 47. Shinya Yamanaka y un esquema representando la reprogramación de las células madre pluripotentes inducidas (IPS) y la
diferenciación hacia otros tejidos.*

narias. Estas células provienen de células especializadas, por ejemplo, las podemos crear a partir de células de la piel y reprogramarlas para convertirse en
células pluripotentes. Para reprogramar las células iPS los científicos añaden
en el laboratorio un conjunto de 4 genes (Oct3/4, Sox2, klf4 y c-Myc) llamados «factores de reprogramación», y que permiten que la célula adulta pueda
regresar a comportarse como una célula madre embrionaria. Una vez que las
células madre pluripotentes inducidas son reprogramadas al estadio embrionario, estas se pueden diferenciar en el laboratorio y transformarse en células
de tejidos específicos (Figura 47).

Estos descubrimientos han proporcionado nuevas herramientas a científicos de todo el mundo y han conducido a avances notables en muchas áreas
de la medicina. El jurado de los premios Nobel cita, como ejemplo, que se
pueden obtener células de la piel de pacientes con distintas enfermedades;
estas células se pueden reprogramar y examinar en el laboratorio para observar en qué difieren de las células de personas sanas. Estas células representan herramientas muy valiosas para comprender los mecanismos de las

---

* Fuente: Autor National Institutes of Health: <https://commons.wikimedia.org/wiki/File:Shinya_
yamanaka10.jpg>.

enfermedades y, por lo tanto, abren nuevas oportunidades para desarrollar tratamientos médicos.

La aplicación terapéutica de las células iPS todavía necesita de más investigación, especialmente en cuanto a definir las condiciones para promover su diferenciación específica eficiente hacia los tipos celulares requeridos por un paciente; no obstante, gracias a los estudios del Dr. Gurdon y el Dr. Yamanaka, las promesas terapéuticas de la llamada «medicina regenerativa» nunca habían estado tan cerca. Mientras tanto, la derivación de células iPS de pacientes ya ha mostrado otra aplicación de relevancia médica: las células especializadas (p. ej., neuronas) derivadas de iPS provenientes de un paciente (p. ej., que sufre la enfermedad de Parkinson) muestran deficiencias que, por un lado, permiten estudiar la enfermedad humana en detalle y, por otro, desarrollar los fármacos más adecuados para tratarla, e incluso ayudar a definir aquellos más efectivos para un paciente en particular. La reprogramación aviva la imaginación a tal grado que puede ser tentador para pacientes y médicos usar terapias basadas en el uso de las células troncales derivadas de este proceso.

AÑO 2013. PREMIO NOBEL DE FISIOLOGÍA Y MEDICINA

Los investigadores norteamericanos James Rothman (1950-*), Randy W. Schekman (1948-*) y Thomas C. Südhof (1955-*) han sido galardonados con el Premio Nobel de Medicina 2013 por sus descubrimientos en Fisiología celular sobre los mecanismos de regulación del tráfico de vesículas.

Los tres investigadores, han resuelto el misterio de cómo la célula organiza su sistema de transporte. Cada célula es una fábrica que produce y exporta moléculas. Por ejemplo, la insulina se fabrica y se libera en la sangre y las señales químicas llamadas neurotransmisores se envían de una célula nerviosa a otra.

Estas moléculas son transportadas alrededor de la célula en pequeños paquetes llamados vesículas. Los tres galardonados han descubierto los principios moleculares que rigen cómo se entrega este paquete dentro y fuera de la célula, en el lugar y momento adecuado.

En un puerto grande y concurrido, se requieren sistemas para asegurar que la cargas se envíen al destino correcto y en el momento adecuado. La célula, con sus diferentes compartimentos llamados organelos, se enfrenta a un problema similar. Las células producen moléculas (hormonas, neurotransmisores, citocinas y enzimas) que deben ser entregadas a otros lugares dentro de la célula o fuera de ella, en un momento determinado. La precisión en el tiempo y la ubicación resulta fundamental. Vesículas minúsculas, similares a burbujas, rodeadas por una membrana, transportan la carga de un organelo a otro o se fusionan con la membrana celular externa para liberar su contenido al exterior (Figura 48). Ello reviste una enorme importancia, ya que desencadena la activación nerviosa en el caso de las sustancias neurotransmisoras, o controla el metabolismo en el caso de las hormonas. ¿Cómo saben esas vesículas dónde y cuándo deben entregar su carga?

Randy Schekman sentía fascinación por el modo en que la célula organizaba su sistema de transporte y, en la década de los años setenta del siglo XX decidió estudiar la base genética de ese sistema mediante el uso de la levadura como organismo modelo. Mediante análisis genético, identificó células de levadura que presentaban una maquinaria de transporte defectuosa, lo que daba lugar a un reparto desorganizado. Las vesículas se acumulaban en ciertas partes de la célula y Schekman descubrió que la causa de esa congestión era genética. Identificó tres clases de genes que controlan diferentes facetas del sistema de transporte de la célula.

James Rothman también se sintió intrigado por la naturaleza del sistema de transporte de la célula. Cuando estudiaba el transporte vesicular en las células de mamíferos en los ochenta y los noventa, descubrió que un complejo proteico permitía que las vesículas se anclaran y fusionaran con la membrana en cuestión. En el proceso de fusión, las proteínas de la vesícula y de la membrana se unen entre sí de modo parecido a los dos lados de una cremallera. El hecho de que existan numerosos tipos de esas proteínas y que se unan solo en combinaciones específicas asegura que la carga se entregue en una ubicación precisa. El mismo principio opera dentro de la célula y cuando una vesícula se une a la membrana externa de la célula para liberar su contenido.

Resultó que algunos de los genes que Schekman había descubierto en la levadura codificaban las mismas proteínas que Rothman identificó en mamíferos, lo que revela un origen evolutivo antiguo del sistema de transporte. Ambos investigadores determinaron juntos el mapa de los elementos fundamentales de la maquinaria de transporte celular.

Thomas Südhof estaba interesado en el modo en que se comunican las neuronas entre sí. Las moléculas de señalización, o neurotransmisores, son liberadas desde unas vesículas que se fusionan con la membrana externa de las neuronas mediante la maquinaria descubierta por Rothman y Schekman. Pero tales vesículas solo pueden liberar su contenido cuando la neurona emite señales a neuronas vecinas. ¿Cómo se controla la liberación de una manera precisa? Se sabía que los iones de calcio intervenían en ese proceso y, en la década de los noventa, Südhof buscó proteínas sensibles al calcio en las neuronas. Identificó la maquinaria molecular que respondía a una afluencia de iones de calcio y enviaba proteínas para que se unieran a las vesículas de la membrana externa de la neurona, de modo que se liberaban las sustancias señalizadoras. El hallazgo de Südhof explicaba cómo era controlada la liberación del contenido vesicular y cómo se lograba la precisión temporal.

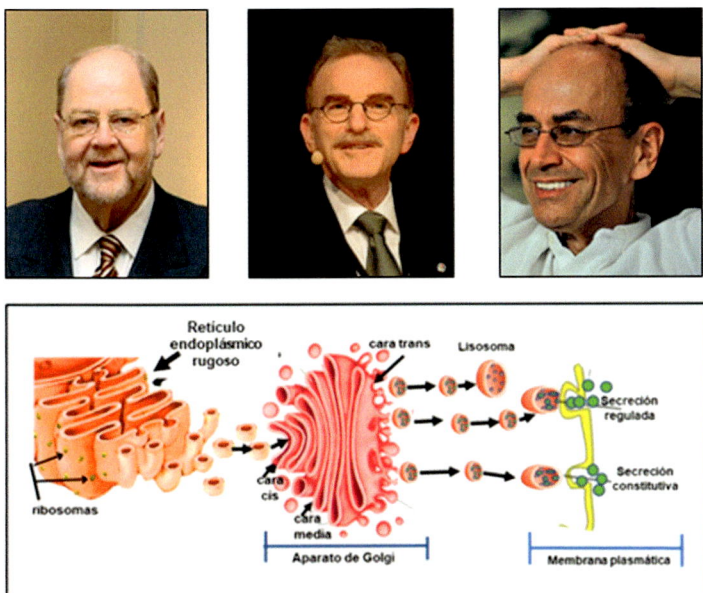

Figura 48. James E. Rothman, Randy W. Schekman, Thomas C. Sudhof y un esquema del mecanismo de regulación de tráfico de vesículas.*

Los tres ganadores del Premio Nobel han descubierto un proceso fundamental de la fisiología celular. Los hallazgos han tenido un impacto importante en nuestra comprensión de cómo se entregan sustancias en el momento y lugar adecuados, dentro y fuera de la célula. El transporte con vesículas y la fusión funcionan con los mismos principios generales en organismos tan diferentes como la levadura y el hombre. El sistema resulta fundamental para una variedad de procesos fisiológicos en la que debe controlarse la fusión de vesículas, entre ellos la señalización en el cerebro y la liberación de hormonas y de citocinas. El transporte defectuoso de vesículas se ha observado en una variedad de enfermedades, entre las que se incluyen una serie de trastornos neurológicos e inmunitarios, así como la diabetes. Sin esta organización extraordinariamente exacta, la célula podría caer en el caos.

Se trata de un «importante sistema de transporte en nuestras células» que podría permitir en el futuro curar trastornos inmunológicos y encontrar una solución a la diabetes, entre otros.

---

* Fuentes: Autor US Embassy Sweden: <https://commons.wikimedia.org/wiki/File:James_Edward_Rothman.jpg>. Autor Bengt Oberger: <https://commons.wikimedia.org/wiki/File:Randy_Shekman_01.jpg>, Autor Juancamartos: <https://commons.wikimedia.org/wiki/File:Thomas_c_s%C3%BCdhof.jpg>.

Figura 49. Los tres galardonados con el Premio Nobel de Medicina 2014: Jon O'Keefe, May Britt Moser y Edvard I. Moser.*

AÑO 2014. PREMIO NOBEL DE FISIOLOGÍA Y MEDICINA

Se otorgó el premio Nobel de Medicina 2014 al estadounidense John O'Keefe (1939-*) y al matrimonio noruego formado por May Britt Moser (1963-*)y Edvard I. Moser (1962-*) (Figura 49), por sus descubrimientos de células que constituyen un sistema de posicionamiento en el cerebro, que les ha permitido descubrir el «GPS interno» que nos permite orientarnos en el espacio, hallar el camino de un lugar a otro y almacenar esta información para encontrar de inmediato el camino la próxima vez que seguimos la misma ruta.

O'Keefe» descubrió en 1971 que un tipo de células nerviosas en el hipocampo siempre se activaban cuando una rata se encontraba en un lugar determinado de una habitación y que otras lo hacían cuando el animal estaba en otro punto.

A partir de esta constatación y fascinado por la cuestión de cómo el cerebro controla el comportamiento, planteó que estas «células de lugar» constituyen un mapa interno del entorno. Durante toda su carrera, O'Keefe ha estudiado el hipocampo y su papel en la memoria espacial y la orientación, cuya pérdida es significativa en trastornos como el Alzheimer.

Más de tres décadas después, en 2005, May-Britt y Edvard Moser descubrieron otro componente clave del sistema de posicionamiento del cerebro. Identificaron otro tipo de neuronas, que denominaron «células de cuadrícula» en una parte del cerebro llamada corteza entorrinal. Estas neuronas generan un sistema de coordenadas y permiten un posicionamiento preciso y la búsqueda del camino. Su investigación posterior demostró cómo ambos tipos de

---

* Fuentes: Autor Per Henning/NTNU: <https://commons.wikimedia.org/wiki/
File:John_O%27Keefe_(neuroscientist)_2014.jpg>, Autor Foto: Henrik Fjørtoft/NTNU Komm.
avd: https://commons.wikimedia.org/wiki/File:May-Britt_Moser_2014.jpg>, Autor Bengt Oberger:
<https://commons.wikimedia.org/wiki/File:Edvard_Moser_2015.jpg>.

neuronas, las de lugar y las de cuadrícula, permitían determinar la posición en el espacio y a orientarse.

En los pacientes con enfermedad de Alzheimer, el hipocampo y la corteza entorrinal se ven a menudo alterados en una fase temprana. Los enfermos con frecuencia se desorientan y no pueden reconocer el entorno. El conocimiento sobre el sistema de posicionamiento del cerebro nos ayuda, por lo tanto, a entender el mecanismo que sustenta la pérdida devastadora de memoria espacial que afecta a las personas con esta enfermedad. El descubrimiento representa también un cambio de paradigma en nuestra comprensión de cómo grupos de células especializadas operan de modo conjunto para ejecutar funciones cognitivas superiores. Lo que abre nuevas perspectivas para la comprensión de otros procesos cognitivos, como la memoria, el pensamiento y la planificación.

AÑO 2014. PREMIO NOBEL DE QUÍMICA

Se otorgó el Premio Nobel de Química 2014 a los investigadores estadounidenses Eric Betzig (1960-*) y William E. Moerner (1953-*), junto al alemán Stefan W. Hell (1962-*), por el desarrollo de la microscopía fluorescente de superresolución (nanoscopio). Su invento rompió las barreras de la microscopía óptica para que los científicos pudieran adentrarse en el nanomundo de las moléculas (Figura 50). Sus trabajos han hecho posible que se puedan analizar mediante microscopía biomoléculas y estructuras a escala nanométrica. El nanoscopio es un microscopio de alta resolución que permite observar detalles (en 3 dimensiones), de una célula y esto permite «mirar» y hasta «grabar» imágenes de las moléculas dentro de células vivas.

Durante mucho tiempo se pensó que la microscopía óptica presentaba un límite infranqueable (la mitad de la longitud de onda de la luz) a partir del cual no se podría conseguir más resolución, pero los galardonados con el Nobel de Química 2014 demostraron que se puede superar con la ayuda de moléculas fluorescentes.

En el ámbito de la conocida como «nanoscopía», los científicos ya pueden visualizar moléculas individuales dentro de células vivas, algo hasta entonces imposible con las técnicas de los microscopios ópticos tradicionales. Gracias a esta técnica, pueden observar, por ejemplo, cómo las moléculas crean sinapsis entre las células nerviosas del cerebro, o rastrear cómo se agregan las proteínas implicadas en el párkinson, el alzhéimer o la enfermedad de Huntington. también es posible seguir a moléculas individuales en los huevos fertilizados mientras evolucionan hacia embriones.

Aunque recibieron el premio en conjunto, los tres investigadores, Eric Betzig, Stefan Hell y William Moerner, desarrollaron diferentes métodos para lograr resolver las imágenes por debajo del límite de difracción impuesto por la naturaleza de la luz. En 1994, Stefan Hell desarrolló la técnica de agotamiento de emisión estimulada (STED por sus siglas en inglés: Stimulated Emission Depletion Microscopy), la cual disminuye el tamaño del área iluminada por un láser por debajo del límite de difracción. Esto se logra utilizando dos rayos láser para iluminar la muestra: uno en configuración confocal que ilumina una región limitada por difracción, y otro que desactiva las moléculas en la orilla de esta zona por emisión estimulada. El segundo láser logra lo anterior gracias a que tiene un modo transversal en forma de «dona», el cual rodea la iluminación lograda con el primer láser. Con esto se logra que el área que produce la fluorescencia realmente sea de solo unos cuantos nanómetros. Midiendo la intensidad de la fluorescencia emitida por las moléculas que se encuentran solo en la región central del primer haz, se forma una imagen con una resolución hasta diez veces mayor a la obtenida con un microscopio confocal convencional. Las investigaciones de William Moerner y Eric Betzig se basan en la localización de moléculas individuales. Cuando la distancia entre moléculas fluorescentes es mayor al límite de difracción, es posible obtener un perfil de intensidad del patrón de Airy en un patrón de difracción creado en la microscopía, cuyo análisis permite encontrar el centro del disco (esto es, la posición real de la molécula), con una exactitud que depende sobre todo del número de fotones que se detectan. En una muestra real, la densidad de las moléculas fluorescentes debe ser alta para poder observar las estructuras, y la distancia promedio entre emisores es mucho menor al límite de difracción. Para poder observar a los emisores individualmente, es necesario que solo una molécula por cada región espacial del orden de un disco de Airy este emitiendo luz, lo que se logra utilizando moléculas que pueden ser activadas con pulsos de luz de manera selectiva y estudiadas transitoriamente hasta que son destruidas por el haz de excitación. Esta activación se lleva a cabo mediante transformaciones foto-inducidas que llevan a los marcadores moleculares de una forma no-fluorescente a una forma fluorescente cuya emisión es detectada. Una vez marcada la posición de cada emisor, se reconstruye una imagen en forma de un mapa de localización que tiene una resolución diez veces mejor a la obtenida por técnicas convencionales. Este principio fue demostrado en 2006. A partir de sus respectivas publicaciones, estas metodologías se han seguido desarrollando y han dado lugar a la invención de una gran familia de técnicas que siguen los mismos principios, y son denominadas colectivamente como microscopía de super-resolución. El rápido avance que se ha dado en esta área ha ido a la par de una gran cantidad de estudios que han arrojado información sin precedentes sobre las estructuras de las células y su conformación, así como las propiedades, funciones e interacciones de proteínas *in vivo*. Esta línea de investigación es altamente multidisciplinaria, donde grupos de investigación incluyen tanto a físicos como químicos y biólogos, cada uno con diferente formación y conocimiento y es una muestra de la importancia de la comunicación entre diferentes áreas de la ciencia.

Figura 50. Eric Betzig, William E. Moerner, Stefan W. Hell y un esquema comparativo de microescala y nanoescala.*

AÑO 2015. PREMIO NOBEL DE FISIOLOGÍA Y MEDICINA

El premio Nobel de Fisiología y Medicina del 2015 ha reconocido el trabajo realizado por tres equipos de investigación en la búsqueda de nuevos fármacos para curar enfermedades parasitarias, transmitidas en su mayoría por insectos, que afectan mayoritariamente a las poblaciones más pobres de países tropicales.

El premio ha sido compartido por Youyou Tu (1930-*), de nacionalidad china, por descubrir la molécula responsable de la eficacia antimalárica de la planta *Artemisia annua* y por el irlandés William C. Campbell (1930-*) y el japonés Satoshi Omura (1935-*) por descubrir un nuevo compuesto, la avermectina, capaz de curar infecciones como la oncocercosis y la filariasis linfática causadas por pequeños gusanos.

Una de estas enfermedades es la malaria, causada por el parásito unicelular eucariota *Plasmodium* que es transmitido a las personas durante la picadura de ciertos mosquitos e infecta las células del hígado y a los glóbulos

---

* Fuentes: Autor Ecole polytechnique Université Paris-Saclay: <https://es.wikipedia.org/wiki/Eric_Betzig#/media/Archivo:Eric_Betzig.jpg>, Autor Kevin Lowder: <https://commons.wikimedia.org/wiki/File:WE_Moerner.jpg>, Autor Bernd Schuller, Max-Planck-Institut für biophysikalische Chemie: <https://commons.wikimedia.org/wiki/File:Stefan_W_Hell.jpg>.

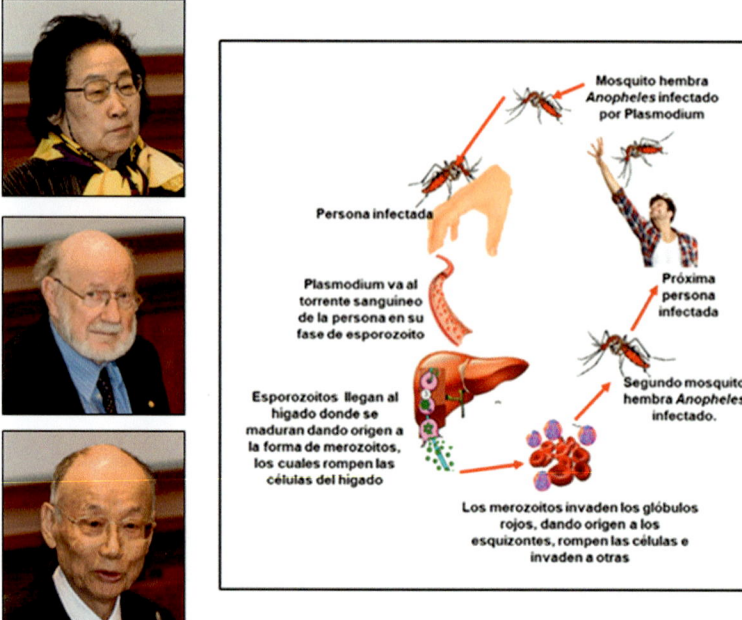

Figura 51. Youyou Tu, William C. Campbell, Satoshi Omura y un esquema del ciclo de transmisión de la malaria.*

rojos, causando fiebres cíclicas e incluso la muerte (Figura 51). La malaria ha acompañado al ser humano desde hace miles de años y actualmente hay 200 millones de casos anuales en el mundo; sin embargo, todavía nuestro sistema inmune es incapaz de controlar gran parte de las infecciones (especialmente en niños y mujeres embarazadas) y no existe una vacuna, por lo que nuestra principal defensa contra ella son los fármacos. En este contexto, Youyou Tu y su grupo de la Academia de Medicina Tradicional China comenzaron a investigar hierbas medicinales chinas con posible actividad antimalárica. Trabajaron en la extracción de moléculas de más de 2.000 plantas procedentes de remedios tradicionales, entre ellas la planta *Artemisia annua* que estaba descrita en un tratado médico del año 168 a. C. encontrado en una tumba en China. Al principio, el extracto de esta planta no tuvo ningún efecto protector, pero tras revisar la información bibliográfica, Youyou se dio cuenta de que la cocción que se hacía como método de extracción podía destruir el principio

---

* Fuentes: Autor Bengt Nyman: <https://commons.wikimedia.org/wiki/File:Tu_You-you_5012-2015.jpg>, Autor Bengt Nyman: <https://commons.wikimedia.org/wiki/File:William_C._Campbell_4983-1-2015.jpg>, Autor Bengt Nyman: <https://commons.wikimedia.org/wiki/File:Satoshi_%C5%8Cmura_5040-2015.jpg>.

activo de *A. annua*. Con las pertinentes modificaciones consiguieron obtener, en 1971, un extracto altamente eficaz contra la malaria tanto en modelos animales como en el ser humano. Un año más tarde identificaron y purificaron la molécula responsable, la artemisina, y buscaron una cepa de la planta que la contuviera en grandes cantidades para su producción farmacéutica. Gracias a su alta eficacia, desde 2005 la OMS (Organización Mundial de la Salud) recomienda a todos los países endémicos el tratamiento de la malaria no complicada por *Plasmodium falciparum* con la combinación de artemisina y otros compuestos. Se calcula que esta terapia salva la vida a un 20% de las personas infectadas cada año y a más de un 30% en el caso de niños.

Los otros científicos galardonados con el Nobel han sido William C. Campbell y Satoshi Ōmura por el descubrimiento de la avermectina, un nuevo fármaco cuyos derivados curan enfermedades parasitarias de alta incidencia en el mundo y sobre todo en regiones tropicales. A S. Omura, del Instituto Kitasato de Japón, le debemos sus investigaciones sobre el cultivo a gran escala de nuevas cepas de *Streptomyces*, bacterias que recogía de muestras de suelo en la prefectura de Shizuoka, en Japón. La selección en 1974 de la especie *S. avermitilis* y su donación a los laboratorios Merck & Co. Inc. de Nueva Jersey permitió al equipo de Campbell mejorar su cultivo y descubrir que esta bacteria producía la avermectina. La avermectina fue modificada químicamente bajo el nombre de ivermectina para aumentar su eficacia y en 1981 se empezó a comercializar para curar enfermedades producidas por nematodos, pequeños gusanos redondos, entre las que cabe destacar: la oncocercosis, causada por finísimos gusanos que se mueven por el cuerpo provocando lesiones, picor y nódulos en la piel o lesiones en los ojos como la llamada ceguera de los ríos; la filariasis linfática en la que los nematodos invaden el sistema linfático dañando diversos órganos y pueden provocar elefantiasis; la estrongiloidosis, en la que los gusanos invaden el intestino o la larva *migrans* cutánea, que al moverse por la piel provoca picor, dolor y lesiones. Además, este fármaco también mata a los ácaros que excavan surcos superficiales en la piel produciendo sarna. Marcando un hito en la historia farmacéutica, en 1987 Merck & Co., Inc. declaró su donación gratuita para la curación de la oncocercosis y filariasis linfática y actualmente es distribuida a cerca de 130 millones de personas al año.

La entrega de este Nobel a la labor de los tres grupos de investigadores tiene doble mérito, de perseverancia y calidad científica y de lucha para curar enfermedades desatendidas. Estos padecimientos proliferan casi exclusivamente en poblaciones pobres con condiciones de habitabilidad inapropiadas y que viven en zonas de clima tropical. Además, su percepción está disminuida por la inexistencia de estadísticas fiables que también dificultan su control y erradicación. Estas enfermedades reciben escasa atención por carecer de interés económico y por insuficiente influencia política. En este contexto se debe tener en cuenta que el 80% de la investigación de medicamentos se hace en países desarrollados y atendiendo a sus propias prioridades. Es por ello por lo que con este Premio Nobel se visibilizan estas enfermedades y se da un paso hacia una vida más digna en estas poblaciones.

AÑO 2015. PREMIO NOBEL DE QUÍMICA

El premio Nobel de Química 2015 fue otorgado a Thomas Lindahl (1938-*), Paul Modrich (1946-*) y Aziz Sancar (1946-*) por haber identificado, a escala molecular, cómo el cuerpo tiene tres formas distintas de reparar el DNA: escindiendo las bases dañadas, quitando los nucleótidos dañados y arreglando las pares de bases que no coinciden y con ello protegen la información genética.

La luz ultravioleta, la radiación ionizante u opciones de estilo de vida (como la obesidad, el tabaquismo, la vida sedentaria) interrumpen constantemente la secuencia de la molécula de DNA. Además, también pueden producirse alteraciones cuando el DNA se replica durante la división celular, un proceso que ocurre varios millones de veces cada día en el organismo humano. Sin embargo, la estructura del DNA se conserva en gran medida. Esta protección es posible a los numerosos sistemas moleculares que controlan y reparan sin cesar el DNA.

Thomas Lindahl consiguió reconstituir completamente el sistema de reparación involucrado llamado de Base Excision Repair (BER), tanto en bacterias como en humanos.

La reparación por escisión de bases BER (Base Excision Repair) es una vía de reparación del DNA que corrige daños oxidativos, derivados de la alquilación celular y despurinizaciones espontáneas. Es utilizada por la célula para la protección contra daños y pérdidas de bases generando sitios apurínicos o apirimidínicos, más conocidos como sitios AP, también conocidos como sitios abásicos que son lesiones que surgen en el DNA por pérdida espontánea de bases o como intermediarios durante la reparación de la escisión de bases (BER), los cuales pueden ser mutagénicos y citotóxicos si no son reparados correctamente, tornándose una amenaza para la viabilidad celular e integridad genómica puesto que pueden bloquear la replicación o la transcripción. A lo largo de la evolución la célula ha seleccionado mecanismos para preservar y reducir el daño en el DNA, tal es el caso de la reparación BER, donde la base alterada es retirada del DNA por enzimas llamadas glicosilasas, que reconocen y eliminan las bases con daños específicos. En células de mamíferos existen 11 diferentes tipos de glicosilasas que presentan características y modos de acción diferentes, las cuales rompen el enlace glicosídico que une la base con el azúcar, originando un sitio AP. Después de ser retirada la base por la acción de la glicosilasa específica, el sitio AP es reconocido por una AP-endonucleasa de la clase II, una enzima capaz de eliminar el resto del nu-

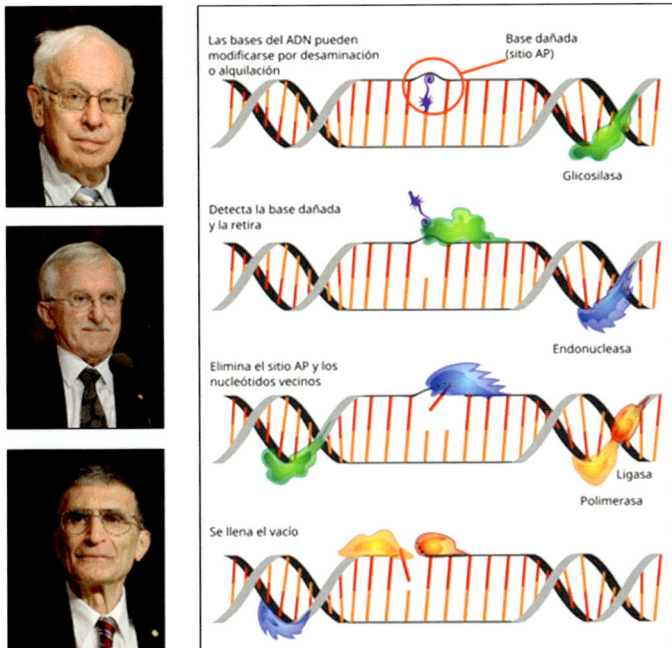

Figura 52. Thomas Lindahl, Paul Modrich, Aziz Sancas y un esquema de la reparación por escisión de bases.*

cleótido; posteriormente, una exonucleasa degrada el corte y deja un espacio en la cadena que es reparado por la DNA polimerasa y finalmente sellado por la ligasa, que restaura la integridad de la molécula (Figura 52).

Solo así puede explicarse que las células mantengan la identidad genética, y por lo tanto su funcionalidad, a pesar de lo químicamente lábil que pueden resultar las bases nitrogenadas del DNA.

Paul Modrich, se centró en un tipo de reparación que ocurre como consecuencia de la acción de copiar el DNA el sistema de reparación por apareamiento erróneo (mismatch repair o MMR) se encarga de la reparación de errores pequeños de secuencia, de entre 1 y 4 pares de bases, producidos durante la replicación del DNA. Cuando, durante la copia de la hebra molde de DNA, se incorpora un nucleótido erróneo, se produce un error de apareamiento (mismatch) entre las hebras madre e hija. Este error provoca una alteración en la estructura de la doble

---

* Fuentes: Autor Holger Motzkau: <https://commons.wikimedia.org/wiki/File:Tomas_Lindahl_0113.jpg>, Autor Holger Motzkau: <https://commons.wikimedia.org/wiki/File:Paul_L._Modrich_0116.jpg>, Autor Holger Motzkau: <https://commons.wikimedia.org/wiki/File:Aziz_Sancar_0060.jpg>, Autor LadyofHats: <https://commons.wikimedia.org/wiki/File:Dna_repair_base_excersion_es.svg>.

hebra que puede ser reconocida y reparada por los enzimas del sistema MMR. El reconocimiento de las bases erróneas y las regiones de DNA con pérdidas o inserciones es realizado por un complejo llamado MutSα, posteriormente un dímero (MSH2-MSH6), se une al sitio del apareamiento erróneo y el complejo MutL (MLH1-PMS2) en presencia de ATP reconoce la secuencia de ADN hemimetilado generando un rompimiento de la cadena (endonucleasa). El segmento lesionado es identificado por la helicasa y la exonucleasa retira la secuencia errónea, de esta forma la polimerasa resintetiza y la ligasa restaura los enlaces fosfodiester.

Aziz Sancar se concentró particularmente en los daños causados en el DNA por factores externos como la radiación ultravioleta del sol e inclusive los residuos tóxicos derivados de fumar tabaco. La exposición de células bacterianas a luz ultravioleta provoca una caída importante de la viabilidad, la cual dependerá de tiempo y dosis de exposición. Fueron identificadas una serie de mutantes bacterianas, extremadamente sensibles a la luz ultravioleta en las que la mortalidad era mucho mayor. El trabajo sistemático de Sancar llevó a la identificación de una serie de proteínas que componen lo que ahora se conoce como reparación por escisión de nucleótidos-NER (o nucleotide excision repair), que en realidad se trata de una endonucleasa sofisticada, formada por 3 proteínas diferentes que tienen como función: a) identificar zonas dañadas en el DNA, que pueden ser pirimidinas contiguas que se entrelazan (dímeros de pirimidinas, mayoritariamente de timinas), o bien nucleótidos que se han modificado químicamente (por ejemplo, por procesos de alquilación), u otros daños puntuales, que provocan deformaciones de la doble hélice y rotura del apareo intercatenario; b) marcar la zona que contiene el daño, generalmente 12-13 nucleótidos incluidos aquellos dañados, mediante un doble corte endonucleolítico llevado a cabo, casi a la par, por la acción de 2 endonucleasas cortando en los extremos de esta zona, y c) permitir la llegada de una enzima con capacidad de helicasa, la que despegará el DNA «marcado» de la cadena dañada en la doble cadena, originando la aparición de una región de 12-13 nucleótidos de cadena sencilla correspondiente a la cadena no intervenida. Finalmente, una DNA polimerasa repondrá con nucleótidos complementarios la cadena de DNA a repararse y una DNA ligasa unirá los extremos fosfato y azúcar resultantes del rellenado. A esta reparación se la ha denominado «libre de errores» dada la fidelidad de la polimerasa participante y la pequeña cantidad de nucleótidos a reponerse.

Los mecanismos de reparación de DNA descubiertos por estos tres galardonados con el Premio Nobel son mecanismos universales, presentes en todos los seres vivos, son sistemas ubicuos y constitutivos y son parte de la base molecular que permite la preservación de la vida, al mantener al DNA estable. Pero no son los únicos, porque existen varios más que, en conjunto, se encargan de que ocurra una transmisión de la información contenida en el material hereditario, lo menos alterada posible, de generación en generación.

AÑO 2016. PREMIO NOBEL DE FISIOLOGÍA Y MEDICINA

El Premio Nobel de Fisiología y Medicina 2016 se otorgó al científico japonés Yoshinori Ohsumi (1945-*) por sus descubrimientos de la cascada de elementos que participan en la autofagia y cómo el proceso se regula. Un proceso fundamental para degradar y reciclar los componentes celulares (Figura 53). Este proceso se conoce desde hace más de 50 años, pero su importancia en la fisiología y medicina fue reconocida después de la investigación de Yoshinori Ohsumi en 1990 que cambió el paradigma. El trabajo de Yoshinori Ohsumi ha permitido conocer una función celular conservada en todos los eucariotas, esencial para renovar materiales y enfrentar situaciones de estrés. La autofagia es central en el funcionamiento celular; de ella dependen la salud y enfermedad.

Ohsumi expuso a las células de las levaduras a sustancias químicas que producían mutaciones genéticas al azar y vio que inducían a la autofagia. Un año después logró identificar los primeros genes esenciales para la autofagia, luego de lo cual descubrió las proteínas codificadas en dicho proceso. El resultado demostró que la autofagia es controlada por una cascada de proteínas y complejos proteicos, cada una de las cuales regulan un estadio de la formación de los autofagosomas. Ohsumi y su equipo descubrieron 15 genes que activan y regulan la autofagia en levaduras, los llamados genes ATG o relacionados con la autofagia; y que cada gen está asociado a una proteína. Hay muchas proteínas Atg, como Atg6 o Atg8, y muchas forman complejos como Atg12-Atg10 y Atg12-Atg5, con ellos se empezó a describir, a nivel genético y bioquímico, un mecanismo en cascada, ordenado y controlado por genes que posteriormente se conocieron como genes Atg y que al momento son casi 40. Estos genes y mecanismos de regulación en levaduras están muy bien conservados en todas las células eucariotas, incluidas las humanas.

El laboratorio de Ohsumi; ha generado ratones knock-out para los genes Atg16 que se usan en todo el mundo para investigar la autofagia. Sus modelos en ratones *knockout* permitieron desvelar que la autofagia está bastante bien conservada entre todas las células eucariotas.

Se han descubierto diversas mutaciones en los genes que regulan la autofagia y que ocasionan enfermedades. La autofagia interrumpida ha sido relacionada con la enfermedad de Parkinson, diabetes del tipo 2 y otros trastornos que aparecen en las personas mayores. Las mutaciones en los genes de la autofagia pueden causar trastornos genéticos. Las perturbaciones en la maquinaria autofágica también han sido relacionadas con el cáncer. Actualmente se está llevando a cabo una investigación profunda para desarrollar fármacos que se dirigen a la autofagia en varias enfermedades.

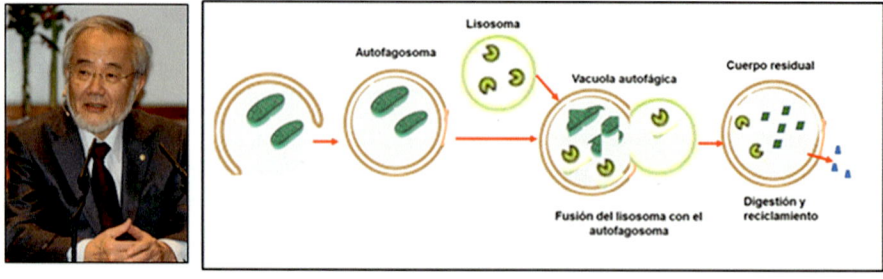

Figura 53. Yoshinori Ohsumi y un esquema del proceso de autofagia celular.*

Hoy día, es vital entender el mecanismo de autodigestión celular o autofagia, considerado como un proceso de reciclaje celular preservado durante la evolución y su relación con la patogenia de algunas enfermedades. La degradación de proteínas y organelos es una ruta que puede ser importante al eliminar las proteínas de larga vida y en su totalidad como las mitocondrias, los peroxisomas y el retículo endoplásmico. Por lo tanto, la autofagia juega un papel esencial en el mantenimiento de la homeostasis celular, participando en una variedad de procesos fisiológicos tales como la respuesta a diferentes tipos de estrés, la diferenciación celular y la embriogénesis, que requieren la eliminación de porciones de citoplasma, hasta identificar una relación entre disfunciones del proceso de autofagia con cáncer de mama y ovario, infección, envejecimiento y enfermedades neurodegenerativas.

AÑO 2017. PREMIO NOBEL DE FISIOLOGÍA Y MEDICINA

Los estadounidenses Jeffrey C. Hall (1945-*), Michael Rosbash (1944-*) y Michael W. Young (1949) han sido galardonados con el premio Nobel de Medicina 2017, por sus «descubrimientos de los mecanismos moleculares que controlan el ritmo circadiano». El trabajo de los tres investigadores ha sido clave para saber cómo se sincroniza nuestro reloj biológico interno con las diferentes fases del día e identificar los diferentes componentes moleculares que intervienen en este proceso.

Desde hace tiempo se sabe que las plantas y los animales, incluyendo a la especie humana, presentan oscilaciones a lo largo del día en la actividad de algunos procesos biológicos. Estas oscilaciones reciben el nombre de ritmos circadianos, y se sincronizan con ciclos ambientales principalmente con aque-

---

* Fuentes: Autor Bengt Nyman: <https://commons.wikimedia.org/wiki/File:Nobel_Laureates_7428_(30679389523)_(cropped).jpg>.

llos definidos por la luz y la temperatura, como por ejemplo el día y la noche para optimizar el funcionamiento del organismo.

Hall y Rosbach fueron los primeros en aislar un gen cuyas mutaciones alteraban el reloj interno de un animal. Sus trabajos con la conocida mosca de la fruta, *Drosophila melanogaster*, les permitieron identificar el gen period y observar que los niveles de la proteína que produce, PER, oscilaban a lo largo de un ciclo de 24 horas: PER se acumulaba durante la noche y se degradaba durante el día, de forma sincronizada al ritmo circadiano. Por lo que definieron un sistema de regulación de la expresión de period en el que es la propia proteína PER la que limita la producción cuando alcanza niveles elevados. Según este modelo de regulación, cuando period está activo se producen moléculas de RNA mensajero del gen, que son transportadas al citoplasma de la célula para la síntesis de proteína PER. Cuando los niveles de proteína PER en el citoplasma comienzan a aumentar y la proteína empieza a acumularse, PER forma un complejo con la proteína TIM (codificada por *timeless*, segundo gen circadiano en ser identificado, en este caso por el equipo de Michael W. Young) y es transportada al núcleo celular. Una vez en esta localización, el complejo TIM-PER puede acceder al material hereditario y bloquear la expresión de period (Figura 54). Young identificó otro gen, doubletime que codifica para una proteína que retrasa la acumulación de proteína PER y ajusta la oscilación a un ciclo de 24 horas. Desde entonces, se han caracterizado múltiples componentes moleculares del reloj biológico y se ha ido perfilando con mayor precisión los mecanismos reguladores de su función.

A partir de 2011, aparecen reportes del laboratorio de Young quienes identificaron genes que afectan la regulación homeostática del sueño en la Drosophila. Esta investigación permitió descubrir neuronas específicas cuya actividad promueve el sueño. De igual forma, han comenzado a estudiar el sueño y los ritmos circadianos en los niveles genéticos y moleculares de los seres humanos. Este último trabajo, involucra estudios de colaboración de ritmos circadianos conductuales y fisiológicos que están acoplados, a fin de evaluar las actividades rítmicas de genes y proteínas establecidas en células cultivadas derivadas de pacientes con ciertos trastornos del sueño y depresivos.

La importancia de los descubrimientos de estos tres científicos galardonados por el Comité del Nobel 2017, se debe a los resultados relacionados con los mecanismos moleculares que regulan los ritmos circadianos. Los autores lograron identificar los engranajes de este sistema complejo, que permite a las células desarrollar funciones de forma cíclica generando cambios cada 24 horas y que a su vez se repiten diariamente durante toda la vida de forma sincronizada con las revoluciones de nuestro planeta Tierra sin desestimar al movimiento del universo.

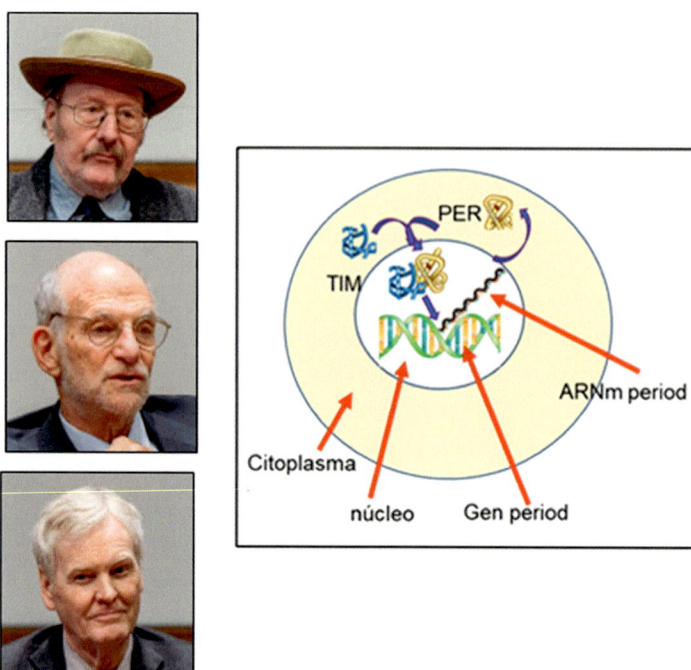

Figura 54. Jeffrey C. Hall, Michael Rosbash, Michael W. Young y un esquema simplificado de los componentes moleculares del reloj circadiano.*

AÑO 2017. PREMIO NOBEL DE QUÍMICA

El suizo Jacques Dubochet (1942-*), el alemán Joachim Frank (1940-*) y el escocés Richard Henderson (1945-*) fueron distinguidos con el premio Nobel de Química 2017 (Figura 55), por «desarrollar la criomicroscopía electrónica para la determinación estructural en alta resolución de biomoléculas en soluciones».

Con la llamada criomicroscopía electrónica los científicos pueden congelar las biomoléculas en pleno movimiento y visualizar procesos que nunca antes se habían visto, lo que es decisivo tanto para la comprensión básica de la química de la vida como para el desarrollo de productos farmacéuticos.

Durante mucho tiempo se pensó que los microscopios electrónicos solo eran adecuados para captar imágenes de materia muerta, ya que el poderoso haz de electrones que emplea destruye el material biológico. La aportación

---

* Fuentes: Autor Bengt Nyman: <https://commons.wikimedia.org/wiki/File:Jeffrey_C._Hall_D81_4349_(25006040668).jpg>, Autor Bengt Nyman: <https://commons.wikimedia.org/wiki/File:Michael_Rosbash_EM1B8756_(38847326642).jpg>, Autor Bengt Nyman: <https://commons.wikimedia.org/wiki/File:Michael_W._Young_D81_4345_(38162439194).jpg>.

del suizo Jacques Dubochet fue el uso del agua en la microscopía electrónica. Trabajó en la preparación de las muestras biológicas para acoplarlas a la microscopía electrónica, esto dio lugar a la técnica de microscopía crioelectrónica. El desarrollo de este método surgió debido a que el investigador reconoció que para preservar la estructura natural de las muestras biológicas tenían que permanecer en su entorno natural, en agua. Para evitar la evaporación en el vacío de la columna del microscopio electrónico, el agua debe congelarse, pero los cristales de hielo causan riesgos adicionales a las muestras delicadas. Fue entonces cuando Dubochet se propuso encontrar una forma de congelar el agua sin producir cristales. Esto lo logró al enfriar el solvente a gran velocidad para que no condensase en forma cristalina sino vítrea. Hecho que permitió que las biomoléculas conserven su forma natural, incluso en el vacío.

Al investigador Joachim Frank se le premia por haber desarrollado los métodos de análisis de imágenes para permitir ensamblar biomoléculas y producir imágenes en 3D a partir de muchas imágenes en 2D. Fue él quien hizo que la teoría fuese más fácil de aplicar en un marco general.

La recolección de los datos que indican a dónde fueron desviados los electrones se hizo inicialmente con películas fotográficas. A principios de este siglo Richard Henderson promovió su reemplazo por detectores electrónicos digitales, conocidos como aparatos digitales de carga acoplada (digital chargecoupled device). Los dispositivos aumentaron la resolución de la señal junto con la capacidad de acumular la información a mucha mayor velocidad, lo que automatizó la detección. El aumento en la resolución de la detección digital permitió que los datos de las partículas brindaran distintos estados del movimiento característico de la proteína cuando esta se encontraba a temperatura ambiente. La detección digital acumula tanta información que permitió el estudio de cómo actúan estas *in vivo*.

Después de estos descubrimientos, se han optimizado todas las piezas del microscopio electrónico. La resolución atómica que ansiaban los científicos se alcanzó en 2013, y ahora se pueden producir de forma rutinaria las estructuras tridimensionales de las biomoléculas.

El desarrollo de la criomicroscopía electrónica simplifica y mejora la obtención de imágenes de biomoléculas, dicho método logra detectar la estructura tridimensional de complejos biológicos como las proteínas además de que permite el estudio del movimiento molecular, dato vital para las funciones bioquímicas de las proteínas.

Con esta tecnología ahora podemos entender aún más cómo se construyen y cómo actúan las proteínas, así como su función en comunidades grandes, ya que nos permite la detección de estructuras de proteínas de membrana y la detección de su dinámica funcional.

Figura 55. Los distinguidos con el Premio Nobel de Química 2017: Jaques Dubochet, Joachim Frank y Richard Henderson.*

AÑO 2018. PREMIO NOBEL DE FISIOLOGÍA Y MEDICINA

El estadounidense James Allison (1948-*) y el japonés Tasuku Honjo (1942-*) ganaron el Nobel de Medicina 2018, por su descubrimiento de la terapia contra el cáncer por la inhibición de la regulación inmune negativa. Los hallazgos de ambos científicos han sido esenciales para el desarrollo de la inmunoterapia contra los tumores. Sus descubrimientos aprovechan la capacidad del sistema inmune de atacar las células cancerosas.

Nuestro sistema inmunitario es capaz de reconocer como extrañas las células tumorales y eliminarlas, pero estas desarrollan sistemas (moléculas que expresan en su membrana celular) para escaparse del sistema inmunológico, a través de esos checkpoint (puntos de control). Es decir, las células tumorales son capaces de «apagar» la respuesta de defensa que nuestros linfocitos T ponen en marcha frente a ellas, de esta forma no son eliminadas y el tumor se desarrolla.

Allison y Honjo demostraron que el cáncer se puede tratar de forma efectiva con inmunoterapia. En los años 90, descubrieron un aspecto clave en el funcionamiento del sistema inmune; caracterizaron unas moléculas conocidas como «puntos de control» (del inglés *checkpoint*) en las células T, las responsables de combatir las células tumorales, y describieron el papel inmunorregulador de las mismas en el cáncer.

Los dos principales checkpoints implicados en la inmunoterapia tumoral se denominan CTLA-4 y PD-1 (y su ligando PDL-1), gracias a su descubri-

---

* Fuentes: Autor Félix Imhof: <https://commons.wikimedia.org/wiki/File:Jacques_Dubochet,_2017_(cropped).jpg>, Autor Bengt Nyman: <https://commons.wikimedia.org/wiki/File:Joachim_Frank_EM1B8792_(27115577469).jpg>, Autor Bengt Nyman: <https://commons.wikimedia.org/wiki/File:Richard_Henderson_D81_4486_(38005042695).jpg>.

miento por los dos inmunólogos premiados, en los últimos años se han desarrollado unos fármacos, que son una especie de «balas mágicas», dirigidos frente a ellos, de forma que bloquean la inhibición de los linfocitos T y se potencia la respuesta inmunitaria frente a las células tumorales (Figura 56).

El grupo de Allison demostró que el bloqueo de CTLA-4 con un anticuerpo podía liberar los frenos de la función de las células T, activando la inmunidad antitumoral y reduciendo los tumores en ratones. Años más tarde, mostraron los primeros datos en pacientes con melanoma avanzado en los que obtuvieron una respuesta antitumoral robusta y una regresión clínica con un anticuerpo anti-CTLA-4.

También a principios de la década de 1990, Honjo descubrió un segundo punto de control, el receptor de muerte programado 1 (PD-1), que funciona como un regulador negativo de la respuesta inmune, aunque a través de un mecanismo diferente al del CTLA-4. PD1 se expresa en las células del sistema inmune a modo de antena que reconoce a las células del propio organismo. Las células tumorales se aprovechan de este mecanismo y expresan en sus membranas un ligando de PD1, la proteína PD-L1, que indica a las células del sistema inmune que no deben atacar. Honjo, junto con otros grupos, proporcionó las primeras evidencias sólidas de que la inhibición de PD-1 o PD-L1, utilizando anticuerpos específicos, causan una respuesta antitumoral robusta. Estos descubrimientos llevaron al desarrollo de dos anticuerpos anti-PD-1, Pembrolizumab (Keytruda) y Nivolumab (Opdivo), para la inmunoterapia del cáncer. Ambos anticuerpos fueron aprobados por la FDA (Food and Drug Administration) para el melanoma avanzado en 2014.

Los descubrimientos de Allison y Honjo son un ejemplo de cómo la ciencia básica puede dar lugar a grandes logros en la clínica, ya que han sido determinantes para el desarrollo de fármacos que bloquean la acción inhibitoria de moléculas, como PD1/PD-L1 y CTLA-4, lo que es esencial para restaurar la acción antitumoral de las células T. Las investigaciones en inmunoterapia se enfrentan ahora a los retos de averiguar por qué este tipo de tratamiento es más eficaz en unos tumores que en otros, cómo sensibilizar a los tipos de tumores que son insensibles al sistema inmune al inicio del tratamiento con inhibidores del punto de control; por qué algunos pacientes tienen una respuesta duradera (20%), mientras que otros finalmente recaen (80%), o cómo mantener respuestas duraderas al tratamiento. Para dar respuesta a estas preguntas Allison señala que «sigue siendo necesario más conocimiento y seguir realizando buena investigación básica en este campo».

El trabajo de Allison y Honjo supuso un antes y un después en la inmunoterapia como estrategia contra el cáncer. Sus investigaciones aceleraron el desarrollo de nuevas aproximaciones terapéuticas al cáncer y han hecho posible que en los últimos años miles de pacientes con cáncer hayan recibido un tratamiento

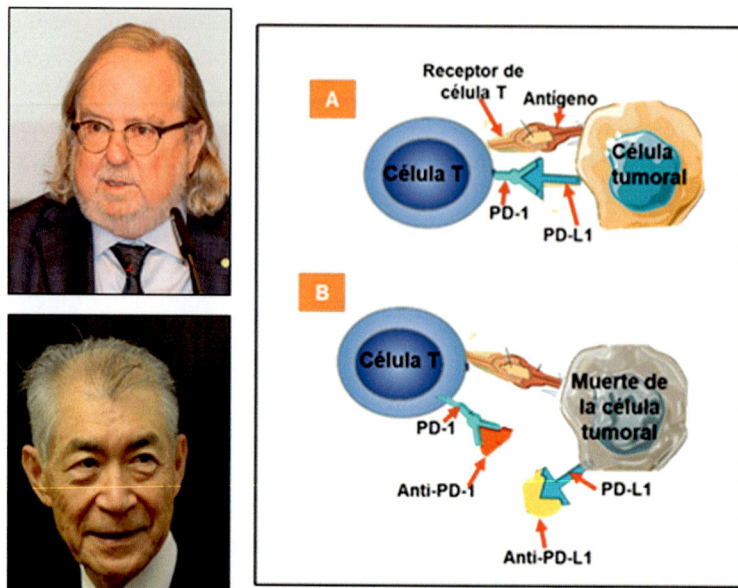

Figura 56. James Allison, Tasuko Honjo y un esquema del mecanismo molecular de la inhibición de las células T mediada por PD-1, donde (A) muestra como PD-L1 se une con PD-1 e impide que la célula T destruya la célula tumoral y en (B) se muestra el bloqueo de PD-L1 o PD-1 para permitir que la célula T destruya la célula tumoral.*

efectivo contra su enfermedad. Lamentablemente, si bien los inhibidores de CTLA-4, y PD-1 resultan altamente efectivos frente a algunos pacientes y tipos de cáncer, como el melanoma, su efectividad no es generalizada a todos los tipos de cáncer o pacientes. No obstante, estos compuestos pioneros han sido el punto de partida de otras terapias en desarrollo destinadas a soltar los diferentes frenos del sistema inmunitario e impulsar su acción contra el cáncer.

AÑO 2018. PREMIO NOBEL DE QUÍMICA

El Nobel de Química del año 2018 se otorgó a los científicos estadounidenses Frances H. Arnold (195-*) y George Smith (1941-*) y el británico Gregory P. Winter (1951-*) por usar los principios de la teoría de la evolución y selección

---

* Fuentes: Autor Bengt Nyman: <https://commons.wikimedia.org/wiki/File:James_P._Allison_EM1B5525_(46207775441).jpg>, Autor 大臣官房人事課: <https://commons.wikimedia.org/wiki/File:Tasuku_Honjo_201311.jpg>.

natural desarrollados por Charles Darwin para aplicarlos a la química y crear nuevas proteínas. Los tres investigadores han utilizado este concepto en el desarrollo de tecnologías destinadas a producir nuevos fármacos o reactivos, cuya aplicación ya es una realidad en la vida cotidiana.

La científica Frances H. Arnold sentó las bases de la evolución dirigida de enzimas, una aproximación experimental que permite mejorar las características de las enzimas ya existentes o crear enzimas con nuevas funciones. La investigadora llevó a cabo en 1993 los primeros experimentos en los que se inducía la presencia de mutaciones en el gen de una enzima determinada, se introducían estos genes en bacterias para producir la enzima modificada y se evaluaba de forma sistemática el efecto de la mutación sobre la función de la proteína catalítica. Frances H. Arnold proporcionó una metodología detallada de cómo debe realizarse esta técnica y ha demostrado de forma repetida que es posible inducir en el laboratorio la evolución de las enzimas para mejorar su actividad en determinadas condiciones o cambiar su función para reconocer nuevos sustratos y llevar a cabo reacciones diferentes. Sus investigaciones tienen múltiples aplicaciones en la industria como por ejemplo la producción de biocombustibles, detergentes, reactivos de laboratorio y fármacos, entre otros.

El trabajo de George P. Smith y Sir Gregory P. Winter se ha centrado en la evolución dirigida de las proteínas de unión mediante una técnica conocida como «despliegue de proteínas en fagos» (phage display). En 1985, George P. Smith sentó las bases para el desarrollo de esta técnica al desarrollar un método con el que se puede identificar genes desconocidos que codifican para proteínas conocidas. El método consiste en introducir un gen en el material hereditario de los bacteriófagos, concretamente dentro de un gen que codifique para una proteína de la cubierta de estos virus. Cuando los bacteriófagos infectan las bacterias, introducen su material hereditario en ellas y secuestran su maquinaria celular para producir nuevos bacteriófagos con sus correspondientes cubiertas. El punto clave del «phage display» es que el péptido del gen introducido en los bacteriófagos aparecerá junto con las proteínas de la cubierta y como este péptido es conocido por el investigador, el bacteriófago puede ser recuperado con moléculas que lo reconozcan (anticuerpos frente al péptido) (Figura 57).

Sir Gregory P. Winter adoptó esta técnica para inducir evolución dirigida de anticuerpos y producir nuevos fármacos. Fruto de su trabajo es el desarrollo de adalimumab, un anticuerpo utilizado en el tratamiento de la artritis reumatoide, la psoriasis y las enfermedades inflamatorias del intestino. Desde entonces la evolución dirigida de proteínas de unión se ha convertido en una de las aproximaciones más eficientes para obtener anticuerpos con fines terapéuticos.

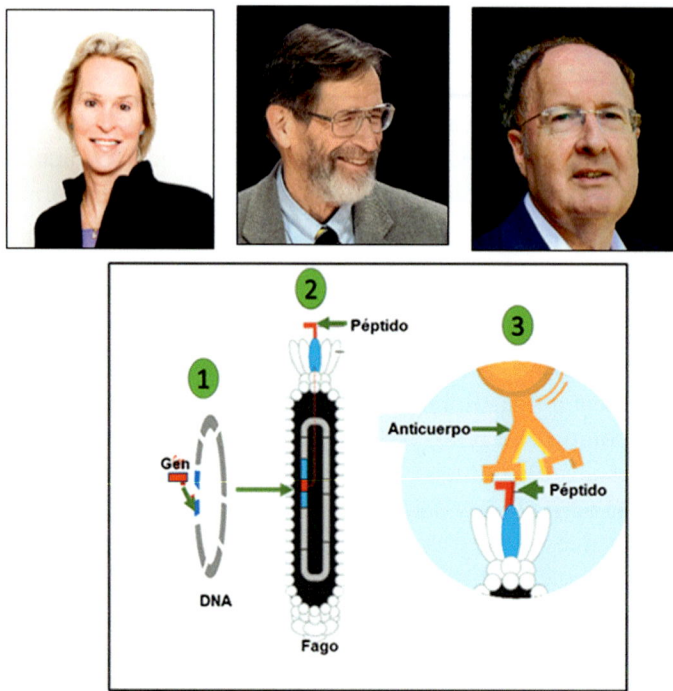

Figura 57. Los ganadores del Nobel de Química 2018: Frances H. Arnold, George Smith y el británico Gregory P. Winter y un esquema mostrando el método del despliegue en fagos: 1- Se introduce el gen correspondiente a una proteína en la cápsula del fago. Posteriormente el DNA del fago se inserta en la bacteria. 2- El péptido producido por el gen introducido se expresa en la superficie del fago como parte de la envoltura proteica del fago. 3-Se extrae el fago utilizando un anticuerpo diseñado para adherirse al péptido.*

Los estudios de Winter en anticuerpos de ratón utilizando la técnica de despliegue en fagos, para «humanizar» dichos anticuerpos, es la contribución que lo hizo ganador del premio Nobel. Humanizar anticuerpos en este caso, significa que basándose en la secuencia de aminoácidos que conforman el anticuerpo generado por los linfocitos en el ratón, es posible cambiar dicha secuencia de aminoácidos, por una más parecida a la que tendrían los anti-

---

* Fuentes: Autor Beavercheme2: <https://commons.wikimedia.org/wiki/File:Francesarnoldwiki2012.png>, Autor Bengt Nyman: <https://commons.wikimedia.org/wiki/File:George_Smith_EM1B5987_(31295398907).jpg>, Autor Aga Machaj: <https://commons.wikimedia.org/wiki/File:Gregory_Winter,_2016_(cropped).jpg>, Imagen despliegue en fagos: <https://fisquiweb.es/PNob/PNobQ18.htm. Fundación Nobel>.

cuerpos generados por los linfocitos humanos. Dado que los linfocitos pueden producir todo un repertorio de diferentes anticuerpos, es posible seleccionar aquellos que producen a los anticuerpos más específicos para atacar a algún agente extraño. Es posible aislar a dichas células, extraer la información genética para dicho anticuerpo y ponerla en el fago para su producción. A esto se le llama despliegue en fagos de anticuerpos monoclonales.

Con el tratamiento de anticuerpos monoclonales, ha sido posible tratar pacientes que padecen leucemia, un tipo de cáncer en la sangre y que comienza en la médula ósea. Estos nuevos tratamientos ya son aprobados por FDA, que es la agencia norteamericana que regula los desarrollos farmacéuticos antes de ser puestos en el mercado. Con las terapias basadas en anticuerpos, es posible tener mejores resultados en los tratamientos contra el cáncer, dado lo específicos que resultan para atacar a las células cancerosas sin dañar a las células sanas, en comparación con el uso de medicamentos que, aunque matan a las células cancerosas, resultan muy tóxicos para el organismo y no son tan específicos. También se han empezado a utilizar estos tratamientos contra otros tipos de cáncer como el de pulmón o próstata, así como otras enfermedades como el asma.

En conclusión, Frances H. Arnold, George P Smith y Sir Gregory P. Winter han reproducido la evolución en laboratorio para mejorar y generar nuevas proteínas que solucionan problemas de la humanidad. Su trabajo ha tenido gran relevancia para la industria tecnológica y ha contribuido al desarrollo de diversos compuestos ampliamente utilizados tanto en medicina como en otros ámbitos.

AÑO 2019. PREMIO NOBEL DE FISIOLOGÍA Y MEDICINA

Los estadounidenses William Kaelin (1957-*) y Gregg Semenza (1956-*) y el británico Peter Ratcliffe (1954-*) han sido galardonados con el Premio Nobel de Fisiología y Medicina de 2019 (Figura 58), por identificar los mecanismos moleculares que posibilitan la respuesta celular a la variabilidad de oxígeno. Este descubrimiento abre las puertas a tratamientos para combatir enfermedades como el cáncer.

El oxígeno es un elemento necesario para la vida. Es esencial para transformar los nutrientes en energía que pueda ser utilizada por las células. Por lo tanto, las células, tejidos y organismos han desarrollado estrategias para adaptarse a los diferentes niveles de oxígeno. Por ejemplo, existen mecanismos de contingencia en las células para detectar cuándo falta el oxígeno y activar una respuesta destinada a aumentar su disponibilidad. Los trabajos de los tres galardonados han caracterizado el mecanismo por el que muchos tipos celulares de nuestro organismo detectan cambios en la disponibilidad de oxígeno y producen una respuesta génica destinada a adaptarse.

Al inicio de los trabajos de William G. Kaelin Jr., Sir Peter J. Ratcliffe y Gregg L. Semenza, se sabía que cuando los niveles de oxígeno disminuyen (lo que se conoce como hipoxia), se produce una respuesta fisiológica para aumentar la producción de eritrocitos de la sangre y aumentar los niveles de oxígeno en sangre. Esta respuesta está mediada por el gen *EPO*, que codifica para la hormona eritropoyetina. Así, cuando bajan los niveles de oxígeno, lo que ocurre, por ejemplo, cuando una persona está a elevada altitud, aumenta la expresión de *EPO* y la producción de eritropoyetina. Sin embargo, se desconocía cómo las células detectaban los cambios en los niveles de oxígeno.

Las investigaciones de Gregg Semenza y Sir Peter J. Ratcliffe a inicios de los años 90 permitieron identificar un elemento genético regulador, cercano al gen *EPO*, que actúa como sensor de oxígeno y que es el responsable de que la expresión de *EPO* sea dependiente de los niveles de oxígeno. Además, ambos investigadores demostraron que la regulación de la expresión de *EPO* mediada por los niveles de oxígeno se producía en diferentes tipos celulares, lo que apuntaba a un mecanismo general de detección del oxígeno.

Gregg Semenza identificó una proteína que se une al elemento regulador dependiente de hipoxia cuando los niveles de oxígeno son bajos, a la que denominaron HIF, de Factor Inducible por Hipoxia. Concretamente, cuando la disponibilidad de oxígeno se reduce, la célula responde produciendo más HIF. Después HIF se une a la secuencia de DNA próxima al gen de la EPO, de manera que aumenta la producción de EPO. En estudios posteriores caracterizó la proteína HIF y resolvió que la proteína funciona en un complejo de dos unidades, y que solo una de ellas, HIF-α, es sensible al oxígeno, por lo que esa unidad debía ser la principal reguladora de la respuesta del complejo al oxígeno y una segunda proteína previamente identificada y expresada constitutivamente y no regulada por oxígeno conocida como ARNT.

Poco después, diferentes estudios, entre ellos los de Sir Peter J. Ratcliffe mostraron que los niveles de HIF-α no varían según la producción de proteína, sino que dependen de su estabilidad. Cuando los niveles de oxígeno son normales, la maquinaria celular de degradación de proteínas etiqueta a HIF-α como molécula a degradar y la proteína es digerida rápidamente, por lo que las células contienen muy poca. Sin embargo, en situaciones de hipoxia, HIF-α está protegida de la degradación por lo que sus niveles en la célula aumentan y puede activar la expresión de *EPO*.

El trabajo de William Kaelin fue esencial para descubrir por qué HIF-α se etiqueta o no para su degradación en función de los niveles de oxígeno. La investigación de Kaeling estaba enfocada en un síndrome hereditario, la enfermedad von Hippel-Lindau. Se trata de una rara enfermedad hereditaria, causada por mutaciones en el gen VHL, que aumenta dramáticamente el riesgo de algunos cánceres en las familias afectadas. Kaelin descubrió que, cuando

Figura 58. Los ganadores del Premio Nobel de Fisiología y Medicina de 2019: William Kaelin, Gregg Semenza y Peter Ratcliffe.*

el gen VHL no tiene mutaciones y por lo tanto la proteína VHL tiene su forma correcta, esta previene la aparición de tumores. Pero, cuando la proteína es defectuosa, la célula se comporta como si estuviera en situación de hipoxia y esto favorece el cáncer.

Kaeling demostró que VHL actúa como gen supresor de tumores y previene el cáncer. Además, estudios posteriores destinados a caracterizar de forma más precisa la función de VHL revelaron dos datos importantes sobre la proteína: estaba relacionada con el control de la hipoxia e intervenía en una función importante para la degradación de proteínas, concretamente en el etiquetado de las proteínas destinadas a ser degradadas.

En 1999 el equipo de Ratcliffe demostró que VHL interviene en la degradación de HIF-α por parte del proteosoma. Solo quedaba por saber el papel del oxígeno como elemento regulador de todo el proceso. Finalmente, en 2001, los laboratorios de Ratcliffe y Kaeling demostraron que el oxígeno regula la adición de dos grupos hidroxilo a HIF-α y que ese cambio de conformación en la proteína aumenta su afinidad hacia VHL. Poco después, estudios en los que intervinieron ambos investigadores identificaron las enzimas responsables de esa modificación.

Con todas las piezas, los investigadores elaboraron el mecanismo de respuesta al oxígeno. Cuando hay oxígeno, se añaden dos grupos hidroxilo a HIF-α, que se une al complejo de VHL y es degradada rápidamente por el proteosoma celular. Cuando disminuye el oxígeno, la afinidad de HIF-α para

---

* Fuentes Autor Rickinasia: <https://es.m.wikipedia.org/wiki/Archivo:William_G._Kaelin_Jr._UNIST_CGI_2019_%28cropped%29.jpg>, Autor US Embassy Sweden: <https://commons.wikimedia.org/wiki/File:Nobel_9_Dec_2019_012_copy_(49204052292)_(cropped).jpg>, Autor Secretaría de Ciencia, Tecnología e Innovación Productiva: <https://commons.wikimedia.org/wiki/File:Peter_J._Ratcliffe_(cropped).jpg>.

unirse a VHL disminuye y HIF-α es protegida de la degradación, por lo que se acumula en el núcleo de la célula, donde puede intervenir en la regulación de genes de respuesta a la hipoxia como *EPO*.

Los trabajos de William G. Kaelin Jr., Sir Peter J. Ratcliffe y Gregg L. Semenza permitieron entender, desde un punto de vista molecular, la respuesta fisiológica a los cambios en los niveles de oxígeno. Esta respuesta es un proceso esencial para la adaptación a la altitud, regular el metabolismo durante el ejercicio muscular o controlar la formación de vasos sanguíneos durante el desarrollo, entre otros procesos. En paralelo, la adaptación a los niveles de oxígeno también es relevante en diferentes situaciones patológicas. Por ejemplo, en muchos tumores se aprovecha de la maquinaria de respuesta al oxígeno para favorecer la formación de vasos sanguíneos o modificar el metabolismo de las células.

Conocer la ruta molecular implicada facilita el desarrollo de tratamientos destinados a regularla en condiciones patológicas. En la actualidad se están realizando estudios clínicos para aumentar la función de HIF-α, a través de la inhibición de las enzimas responsables de unirle hidroxilos.

AÑO 2020. PREMIO NOBEL DE QUÍMICA

Las científicas Emmanuelle Charpentier (1968-*) y Jennifer Doudna (1964-*) (Figura 59), fueron las ganadoras del Nobel de Química de 2020 por su descubrimiento de la técnica de edición genética CRISPR/Cas9 también conocida como «tijeras CRISPR». El poderoso método permite hacer cambios en la estructura del DNA de animales, plantas y microorganismos con altísima precisión. El método CRISPR ha contribuido a hacer a los cultivos más resistentes a las plagas y la sequía y al desarrollo de nuevas terapias contra el cáncer. No está lejos el día en que estas tijeras nos permitirán curar enfermedades hereditarias.

El principal logro de ambas investigadoras fue descubrir que la herramienta CRISPR/Cas9 (por sus siglas en inglés: «Clustered Regularly Interspaced Short Palindromic Repeats/CRISPR-associated [Cas] protein 9»; en español: Repeticiones palindrómicas cortas agrupadas regularmente interespaciadas/Proteína 9 asociada a CRISPR [Cas]), constituyen un mecanismo de defensa natural del DNA de las bacterias, y la enzima Cas9 pueden ser programadas para cortar una molécula de DNA en cualquier punto.

El origen de CRISPR/Cas9 está en el sistema de defensa inmunitario de las bacterias ante los virus. Muchas bacterias tienen un sistema de defensa llamado CRISPR, que les permite detectar DNA viral y destruirlo. Para ello, estas bacterias cuentan con una proteína llamada Cas9 que, junto con un RNA guía (gRNA), permite identificar, cortar y destruir la secuencia del DNA vírico.

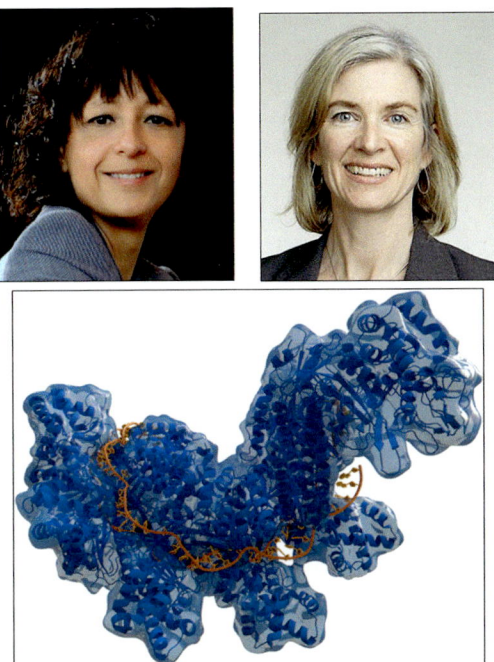

Figura 59. Las galardonadas con el Premio Nobel de Química 2020: Emmanuelle Charpentier, Jennifer A. Doudna y la estructura del complejo RNA-CRISPR (en azul) unido a fragmentos de DNA blanco de *E. coli* (en naranja).*

Jennifer A. Dounda y Emmanuelle Charpertier, dilucidaron los mecanismos moleculares del sistema CRISPR-Cas9 y lo habían reprogramado para ser dirigidos a la edición genética de sistemas eucariotas en condiciones de laboratorio.

En 2012, mostraron cómo Cas9 podría utilizarse a modo de herramienta de ingeniería genética. Usando esta proteína, científicos de todo el mundo podrían eliminar o insertar secuencias de DNA en células de una manera precisa. Desde entonces, en laboratorios de todo el mundo se ha editado DNA en células de diversas especies, incluidos ratones y monos, así como en embriones humanos.

---

* Fuentes: Autor Bianca Fioretti, Hallbauer & Fioretti: <https://commons.wikimedia.org/wiki/File:Emmanuelle_Charpentier.jpg>, Autor Duncan.Hull: <https://commons.wikimedia.org/wiki/File:Professor_Jennifer_Doudna_ForMemRS_(cropped).jpg>, Autor Thomas Splettstoesser: <https://commons.wikimedia.org/wiki/File:CAS_4qyz.png>.

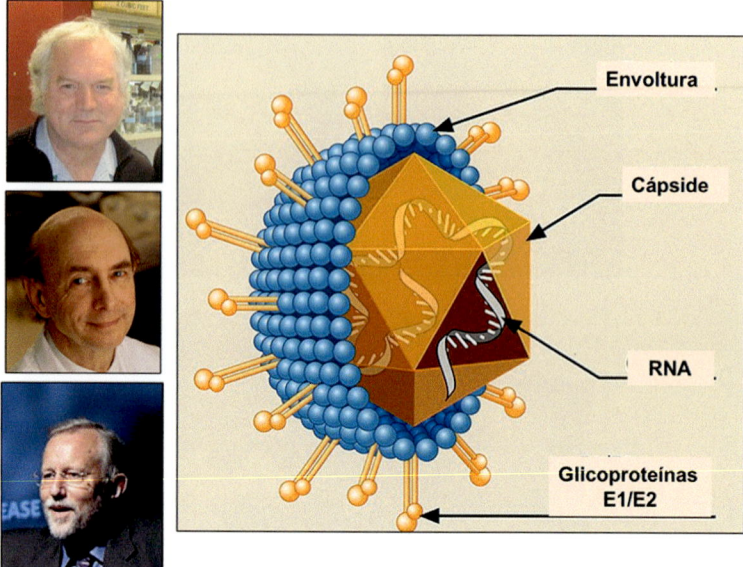

Figura 60. Michael Houghton, Harvey J. Alter, Charles M. Rice y un esquema de la estructura del virus de la Hepatitis C.*

AÑO 2020. PREMIO NOBEL DE FISIOLOGÍA Y MEDICINA

El Nobel de Medicina y Fisiología de 2020 fue para los tres investigadores médicos: Harvey J. Alter (1935-*), Michael Houghton (1949-*), y de Charles M. Rice (1952-*) que descubrieron el virus de la hepatitis C, una peligrosa inflamación crónica del tejido del hígado que es la mayor causante de cirrosis y cáncer hepático. Sus investigaciones permitieron identificar el RNA del virus de la hepatitis C, uno de los cinco tipos de esta enfermedad y uno de los dos que son crónicos. La hepatitis C afecta a más de 70 millones de personas y causa más de 400 mil muertes anuales en todo el planeta.

El premio que reciben los investigadores Houghton, Alter y Rice no es solo el reconocimiento a su aporte a la medicina y el bienestar humano, sino también una fuente de necesaria esperanza y reafirmación del valor de la ciencia para mejorar la calidad de nuestra vida.

---

* Fuentes: Autor Guido4: <https://commons.wikimedia.org/wiki/File:Hegasy_Hep_C_Virus_EN-01.jpg>, Autor NIH History Office: <https://en.wikipedia.org/wiki/File:Dr._Harvey_J._Alter_%281935-_%2828926785543%29_%28cropped%29.jpg>, Autor Kerry Angelo Piper: <https://commons.wikimedia.org/wiki/File:Prof_Michael_Houghton.jpg>, Autor Bill Branson: <https://commons.wikimedia.org/wiki/File:Charles_M._Rice.jpg>.

Harvey Alter, realizó estudios minuciosos y metódicos sobre el porcentaje de hepatitis asociadas a transfusiones sanguíneas. Intuyó que debía existir otro agente desencadenante de la enfermedad que les pasaba inadvertido. Su prueba de concepto la obtuvo al transfundir un chimpancé con sangre de un infectado y observar cómo el animal desarrollaba la enfermedad. Este experimento clave le llevó a denominar esta enfermedad como Hepatitis no A no B.

El testigo fue transferido a Michael Houghton, que realizó un análisis de secuenciación del genoma y pudo identificar un nuevo virus de RNA del género flavivirus, que se bautizó como virus de la Hepatitis C. Posteriormente, Houghton demostró que este agente infeccioso que había identificado era el mismo que detectaban en pacientes con hepatitis crónica.

Faltaba demostrar científicamente que este nuevo virus de la Hepatitis C era realmente el causante de la patología. El virólogo Charles Rice mediante técnicas de biología molecular generó una variante del virus con capacidad de infectar el hígado de chimpancés y provocar en ellos la misma patología observada en humanos, confirmando que el virus de la Hepatitis C era el causante de la enfermedad que había sido detectada en millones de pacientes.

El virus de la Hepatitis C pertenece a la Familia *Flaviviridae* porque su genoma está muy relacionado con esta familia y al Género *Hepacivirus*. El virión mide aproximadamente 50 nm de diámetro, contiene un genoma de RNA de polaridad positiva, con un genoma de 9,5 kb, y un tamaño que oscila entre 55 y 65 nm. Tiene una cápside icosaédrica proteica y una envoltura lipídica que contiene dos glicoproteínas denotadas E1 y E2 (Figura 60).

AÑO 2021. PREMIO NOBEL DE FISIOLOGÍA Y MEDICINA

David Julius (1955-*) y Ardem Patapoutian (1967-*), ganaron el Premio Nobel de Fisiología y Medicina 2021 por sus descubrimientos de los receptores para la temperatura y el tacto. Con sus investigaciones, encontraron las bases moleculares para detectar el calor, el frío y la fuerza mecánica, fundamentales para nuestra capacidad de sentir, interpretar e interactuar con nuestro entorno interno y externo.

David Julius ha utilizado la capsaicina, un compuesto picante del chile que induce una sensación de ardor, para identificar un sensor en las terminaciones nerviosas de la piel que responde al calor. Julius pudo identificar la sustancia activa que provoca la sensación de dolor y ardor. Para ello, examinó millones de fragmentos de DNA correspondientes a los genes que se expresan en las neuronas sensoriales que reaccionan al dolor, calor y tacto, en busca de un fragmento de DNA que codificara por la proteína capaz de reaccionar a la capsaicina. Identificó un único gen, que codificaba una nueva proteína de

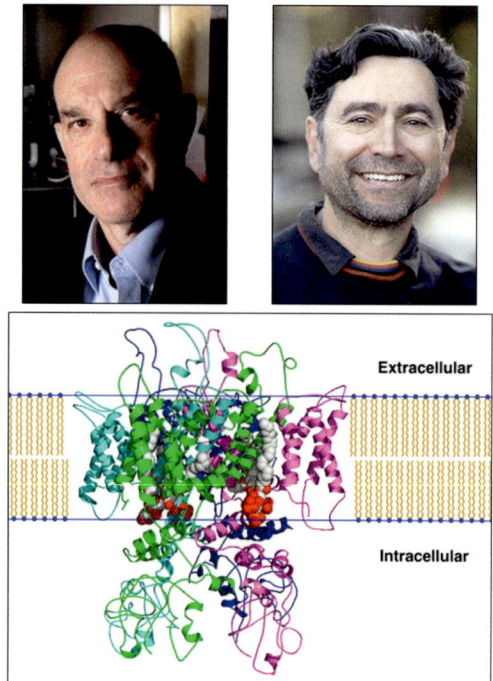

Figura 61. David Julius, Ardem Patapoutian y el modelo del canal iónico TRPV1.*

canal iónico (TRPV1) (Figura 61), que permitía que las células detectaran la capsaicina. Este canal iónico, se abre en respuesta al calor y permitió comprender cómo las diferencias de temperatura pueden inducir señales eléctricas en el sistema nervioso. Se había descubierto un sensor del calor que se activaba a temperaturas percibidas como dolorosas. Por tanto, este sensor de calor, TRPV1, está involucrado en el dolor crónico y en cómo regula nuestro cuerpo la temperatura central. De ahí, que muchos animales faltos de este receptor tengan problemas al momento de detectar el calor.

Posteriormente se identificaron otros canales iónicos relacionados, de tal manera que ahora entendemos cómo las diferentes temperaturas pueden inducir señales eléctricas en el sistema nervioso.

Ardem Patapoutian identificó los genes de los receptores que se activan con la tensión, la fuerza mecánica del estiramiento. Estas proteínas se denominan Piezos y son responsables de la percepción de la presión en la piel y los vasos sanguíneos, así que su importancia para la salud va más allá del sentido del tacto. Su investigación abre el camino a un nuevo y prometedor enfoque en el tratamiento del dolor crónico mediante fármacos no basados en opiáceos.

Patapoutian buscó células que, cultivadas en su laboratorio, reaccionaban eléctricamente ante un estímulo físico de presión. Cuando la encontró, anuló de manera sistemática la expresión de genes candidatos mediante RNA de interferencia hasta que identificó un canal iónico, Piezo1, que, activado mecánicamente, media señales excitatorias que inician potenciales de acción que se propagan al sistema nervioso central y son percibidos como las sensaciones de tacto, dolor y equilibrio. Posteriormente, se descubrió otro canal iónico, Piezo2, que junto Piezo1 median respuestas a la presión externa. Además, se demostró que Piezo2 desempeña un papel fundamental en la detección de la posición y el movimiento del cuerpo, conocida como propiocepción (la sensación de dónde están tus extremidades, en comparación con el resto de tu cuerpo). En trabajos posteriores, se ha demostrado que los canales Piezo1 y Piezo2 son responsables de la percepción de la presión en la piel y los vasos sanguíneos, así como de detectar cambios de temperatura o presión dentro del cuerpo, pudiendo regular otros procesos fisiológicos importantes. De hecho, el receptor táctil Piezo2 tiene múltiples funciones: desde la micción hasta la presión arterial.

Sus descubrimientos nos han permitido comprender cómo el calor, el frío y la fuerza mecánica pueden desencadenar impulsos nerviosos que nos permiten percibir y adaptarnos al mundo.

AÑO 2022. PREMIO NOBEL DE FISIOLOGÍA Y MEDICINA

El sueco Svante Pääbo (1955-*). fue el ganador del premio Nobel de Fisiología y Medicina 2022, por sus descubrimientos sobre «los genomas de homínidos extintos y la evolución humana». Concretamente, su hallazgo sugiere que hubo una transferencia de genes entre homínidos ya extinguidos y el *Homo sapiens*, lo que produjo un significativo impacto fisiológico en los humanos modernos afectando, por ejemplo, al modo en que nuestro sistema inmunológico reacciona a las infecciones.

Gracias a su investigación pionera, Svante Pääbo logró algo aparentemente imposible: secuenciar el genoma del Neandertal, un pariente extinto de los humanos actuales. También hizo el sensacional descubrimiento de un homínido hasta entonces desconocido: el hombre de Denisova o denisovano (Figura 62).

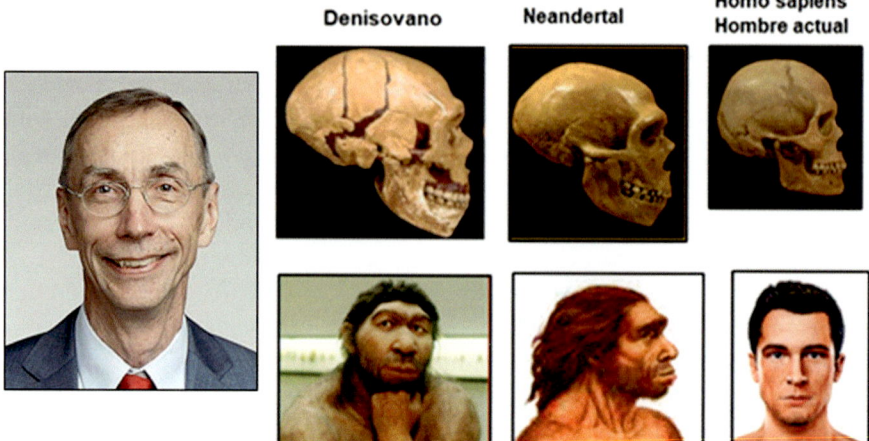

Figura 62. Svante Pääbo y una comparación de las características del hombre de deniso-vano, neandertal y *Homo sapiens*.*

En 2010 el equipo de Svante Pääbo publicó un borrador de la secuencia del genoma nuclear Neandertal que permitió empezar a responder algunas preguntas sobre la relación entre los humanos modernos y los neandertales. Por ejemplo, se estimó que el ancestro común más reciente entre los humanos modernos y los neandertales debía haber vivido hace 800.000 años. Además, al comparar los genomas representativos de diferentes poblaciones humanas modernas con el genoma neandertal se encontró que el DNA de los neander-tales era más similar al DNA de los humanos modernos de Europa y Asia que a los de África lo que indica que hubo contacto reproductivo y descendencia entre ambas especies. De hecho, se estima que entre un 1 y un 4% de los geno-mas europeos deriva de los neandertales. La población neandertal está extinta, pero parte de su genoma se mantiene en el de los humanos modernos.

Además de contribuir a establecer la relación entre los humanos moder-nos y los neandertales. En 2008, se descubrió un fragmento de hueso de dedo de 40.000 años de antigüedad en la cueva de Denisova, en el sur de Siberia. El hueso contenía un DNA excepcionalmente bien conservado, que el equipo de Pääbo secuenció. Los resultados causaron sensación: la secuencia de DNA era única en comparación con todas las conocidas de neandertales y humanos modernos.

---

* Fuente: Autor Duncan.Hull: <https://commons.wikimedia.org/wiki/File:Professor_Svante_Paa-bo_ForMemRS_(cropped).jpg>,

El investigador sueco había descubierto un homínido desconocido hasta entonces: el denisovano. Las comparaciones con secuencias de humanos contemporáneos de diferentes partes del mundo mostraron que también se había producido un flujo de genes entre el hombre de Denisova y el *Homo sapiens*. Esta relación se observó por primera vez en poblaciones de Melanesia y otras partes del sudeste asiático, donde los individuos llevan hasta un 6 % de DNA de denisovano.

Los estudios de Svante Pääbo han sentado las bases de la paleogenómica, nueva disciplina que analiza el DNA antiguo y proporciona información a nivel geográfico y temporal del proceso evolutivo. A través del análisis de los genomas de diferentes restos antiguos de neandertales, denisovanos y los genomas de las diferentes poblaciones actuales de humanos modernos los científicos han reconstruido la historia evolutiva de la especie humana. Así, se estima que cuando los humanos modernos migraron de África había al menos dos poblaciones de homínidos en Eurasia (neandertales y denisovanos), con las que tuvieron contacto y con las que, durante su expansión, primero a oriente medio y después a toda Eurasia. Contacto del que todavía quedan huellas genéticas en nuestro genoma.

AÑO 2022. PREMIO NOBEL DE QUÍMICA

Los investigadores Carolyn R. Bertozzi (1966-*), Morten Peter Meldal (1954-*) y Karl Barry Sharples (1941) son los ganadores del Premio Nobel de Química 2022 por su desarrollo de la química click y bioortogonal.

Barry Sharpless y Morten Meldal han sentado las bases para una forma funcional de química, la química del click, en la que los bloques de construcción moleculares se unen de manera rápida y eficiente. Carolyn Bertozzi ha llevado la química del click a una nueva dimensión y comenzó a utilizarla en organismos vivos.

La química click describe una operación química a medida para generar sustancias de forma rápida y fiable al unir pequeñas unidades entre sí. Algo parecido a unir piezas de un rompecabezas para hacer moléculas más complejas trocito a trocito. Más que una reacción, es un concepto que imita la naturaleza.

Por su parte, Carolyn Bertozzi es la madre de la química bioortogonal, un conjunto de reacciones que pueden producirse en entornos biológicos con un efecto mínimo en las biomoléculas o una interferencia mínima con los procesos bioquímicos. Bertozzi recurrió a esta técnica para realizar el impresionante descubrimiento de una nueva biomolécula, el glicoRNA, a la vez que demostraba que esta era una herramienta esencial para entender las estructuras, la localización y las funciones biológicas de los glicanos (oligosacáridos unidos a péptidos, proteínas y lípidos que suelen encontrarse en las membranas de las células). Bertozzi, se ha centrado en los glicanos en la superficie de células tumorales, mostrando que algunos glicanos pueden proteger a los tumores frente al sistema inmunitario y hacer que las células inmunitarias «se apaguen». ¿La solución? Romper la unión de los glicanos en la superficie de la célula tumoral para hacerlas vulnerables.

La reacción más representativa de la Química Click fue presentada por Meldal y Sharpless de forma independiente en 2002, hito que les valió el premio Nobel. Esta consiste en la cicloadición de azidas a alquinos catalizada por cobre (Figura 63), una reacción que ha permitido simplificar notablemente la síntesis de muchos productos químicos, entre los que se encuentran algunos fármacos y biomoléculas de interés industrial.

Las aplicaciones de la Química Click, desde la primera publicación de la cicloadición de azidas y alquinos catalizada por cobre, crearon interés por distintos motivos. En primer lugar, las azidas y los alquinos son grupos funcionales que, de manera natural, no están presentes en las células y, por lo tanto, realizar estas reacciones en el entorno celular no debería entorpecer su metabolismo. En segundo lugar, como en esta química, en principio, no importa que esté unido a las azidas y alquinos siempre que estos estén presentes, pueden incorporarse etiquetas fluorescentes para marcar determinadas partes de las biomoléculas.

Sin embargo, en este tipo de reacciones había un problema: el cobre es altamente tóxico para los sistemas biológicos y había que encontrar alguna forma de eliminarlo, ya que había sido precisamente la catálisis por cobre la que había permitido aumentar la eficiencia de estas reacciones.

Bertozzi se interesó, entonces, por la Química Click y descubrió que se podía evitar el cobre el cual es tóxico para las células sin perder demasiada eficiencia introduciendo uno de los dos grupos funcionales, el alquino, en un ciclo de ocho átomos de carbono, un ciclooctano, técnica que permite a los investigadores modificar químicamente moléculas en organismos vivos y no interrumpir los procesos de la célula.

De esta forma, Bertozzi introdujo lo que denominó Química Bioortogonal, es decir, una serie de reacciones químicas que pueden ocurrir en los organismos vivos de manera fisiológica sin que interfieran ni que se vean perjudicadas por los procesos que ocurren en ellos. La aplicación más directa de este tipo de química en la investigación es el marcaje de biomoléculas en el entorno celular y en el tratamiento contra el cáncer.

En octubre de 2020 comenzó el primer ensayo clínico de la historia en pacientes humanos para un tratamiento basado en la Química Bioortogonal.

Shasqi, una empresa del sector biotecnológico de base en California (y que cuenta como asesora científica con la propia Bertozzi) desarrolló una es-

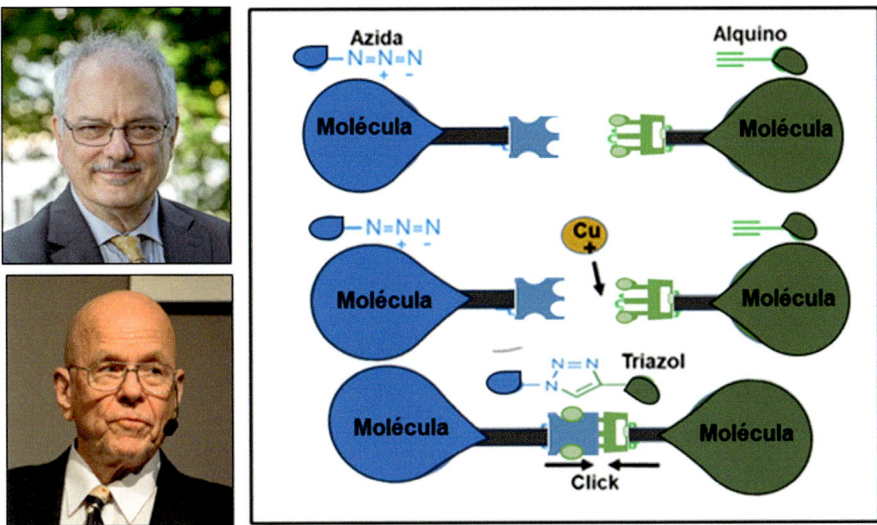

Figura 63. Morten Peter Meldal, Karl Barry Sharpless y un esquema de la cicloadición alquino-azida catalizada por iones de cobre.*

trategia de tratamiento del cáncer basado en la Química Bioortogonal. Para ello, utilizaron un conocido fármaco anticancerígeno, la doxorrubicina, que está indicada para muchos tipos de cáncer pero que tiene un uso limitado debido a su toxicidad en el resto de las células del cuerpo, ya que menos del 2% de los medicamentos administrados llegan a la ubicación deseada en el cuerpo. Esto hace que la mayoría de las terapias contra el cáncer sean tóxicas e ineficaces. Este nuevo enfoque basado en la Química Bioortogonal es increíblemente poderoso diseñado para minimizar la toxicidad y mejorar drásticamente la capacidad de los tratamientos contra el cáncer para eliminar tumores.

La estrategia terapéutica de este ensayo se basaba en lo siguiente: en primer lugar, se inyectaba un hidrogel en el tumor. A partir de aquí se les daba a los pacientes un análogo de la doxorrubicina con modificaciones químicas que hacían que solamente pudiera tener su acción farmacológica en contacto con el hidrogel presente en la zona del tumor. Esto se conseguía introduciendo en el hidrogel unos componentes de reacción que, en contacto con las modificaciones químicas presentes en la doxorrubicina alterada, rompían los enlaces que inhibían su funcionamiento (Figura 64). Los resultados de este estudio tan prometedor los tendremos, según estiman sus autores, en julio de 2026.

---

* Fuentes: Autor Archivo Fotográfico Universidad de Navarra: <https://commons.wikimedia.org/wiki/File:MortenMeldal23.jpg>, Autor Bengt Oberger: <https://commons.wikimedia.org/wiki/File:Barry_Sharpless_02.jpg>.

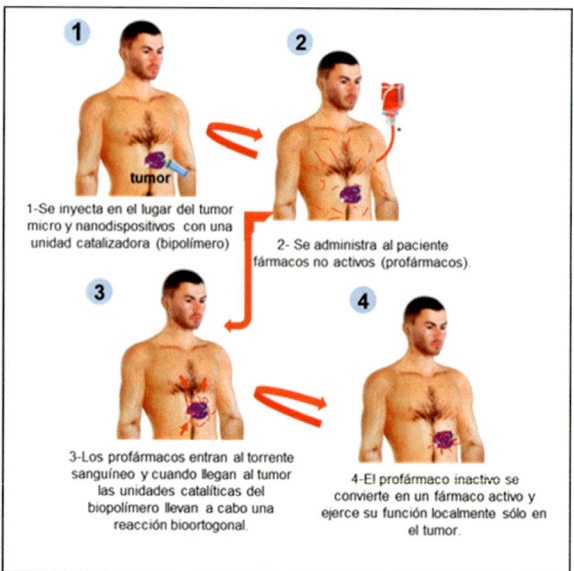

Figura 64. Carolyn Bertozzi y un esquema del tratamiento contra el cáncer dirigido al tumor usando química del click y química bioortogonal.*

Este ensayo clínico puede ser tan solo el primero de muchos otros que se basen en esta nueva química, de hecho, ya se están buscando alternativas para los tumores a los que físicamente no se puede acceder para introducir el hidrogel. No obstante, indudablemente, esta forma de hacer ciencia y aplicar el conocimiento científico con originalidad nos llevará a conseguir nuevos y mejores tratamientos y a una mejora de la calidad de vida.

Es importante destacar que las herramientas basadas en química de clicks han entrado cada vez más en la clínica. El camino desde el descubrimiento químico hasta la aplicación médica puede ser largo, pero la tecnología que surgió de los descubrimientos de Bertozzi, Meldal y Sharpless está claramente encaminada.

AÑO 2023. PREMIO NOBEL DE FISIOLOGÍA Y MEDICINA

El premio Nobel de Medicina 2023 fue para los doctores Katalin Karikó (1955-*) bioquímica húngara y Drew Weissman (1959-*), inmunólogo estadounidense, por sus descubrimientos sobre modificaciones de bases de

---

* Fuente: Autor Kuebi = Armin Kübelbeck: <https://commons.wikimedia.org/wiki/File:Carolyn_Bertozzi_IMG_9384.jpg>.

nucleósidos que permitieron el desarrollo de vacunas de RNA mensajero (RNAm) eficaces contra la Covid-19 (Figura 65).

En la década de los 90, Karikó planteó la idea de utilizar ese RNA mensajero para curar a los enfermos. Si se introdujese en sus células el trozo adecuado de RNA, especulaba, estas producirían la proteína ausente que causa una anemia o generarían una respuesta inmune frente a una infección o incluso el cáncer. Por entonces Karikó se centraba en curar, no en inmunizar. Durante años lo intentó sin éxito. Unos años después, un encuentro casual con Drew Weissman dio la vuelta a la situación de Karikó y de sus perspectivas científicas. Drew Weissman, estaba buscando la vacuna contra el sida y quería que Karikó lo intentase con su RNA mensajero.

Pero las vacunas de RNA tenían algunos inconvenientes. Por un lado, no conseguían que el cuerpo generase bastante proteína como para conseguir una respuesta inmune suficientemente potente. Por otro, el RNA mensajero podía causar una fuerte inflamación, una respuesta defensiva del sistema inmunitario al considerar que el RNA introducido era de un virus. En 2005 descubrieron que cambiando una letra de la secuencia genética del RNA se evitaba la respuesta inmune exagerada (uridina por pseudouridina), y facilita la producción de proteínas en grandes cantidades: el llamado RNA modificado.

En 2010 una empresa dedicada a la investigación del tratamiento de enfermedades infecciosas con RNA mensajero compró los derechos sobre las patentes que habían registrado Karikó y Weissman. Se llamaba ModeRNA, acrónimo de «RNA modificado». Casi a la vez, una pequeña empresa alemana fundada por dos inmigrantes de origen turco, BioNTech, adquirió otras patentes de los mismos investigadores orientadas al uso de RNA modificado para desarrollar vacunas contra el cáncer.

Karikó siguió investigando para mejorar la técnica de RNA mensajero. Era necesario, por ejemplo, proteger de alguna forma las moléculas de RNA para que durasen más tiempo, ya que estas son muy frágiles y se desechan enseguida, reduciendo así la eficacia de este tipo de fármacos. En 2015, Karikó comprobó que recubriéndolas de nanopartículas lipídicas se evita que se degraden demasiado rápido y se facilita su entrada en las células, el cual se utilizó para la vacuna.

A finales de 2020, las principales agencias reguladoras de medicamentos del mundo autorizaron las dos primeras vacunas frente a la pandemia CO-VID-19, desarrolladas con una nueva tecnología, la del RNA mensajero, gracias a los trabajos de Karikó y Weissman. Las vacunas fabricadas por dos empresas farmacéuticas, BioNTech-Pfizer y Moderna, se administraron a partir de 2021 (algunos países empezaron a finales de 2020). Estas dos vacunas se actualizaron en 2022 frente a las variantes ómicron BA.1 y BA.4-5 (vacunas de segunda generación, según la clasificación cronológica), y en septiembre

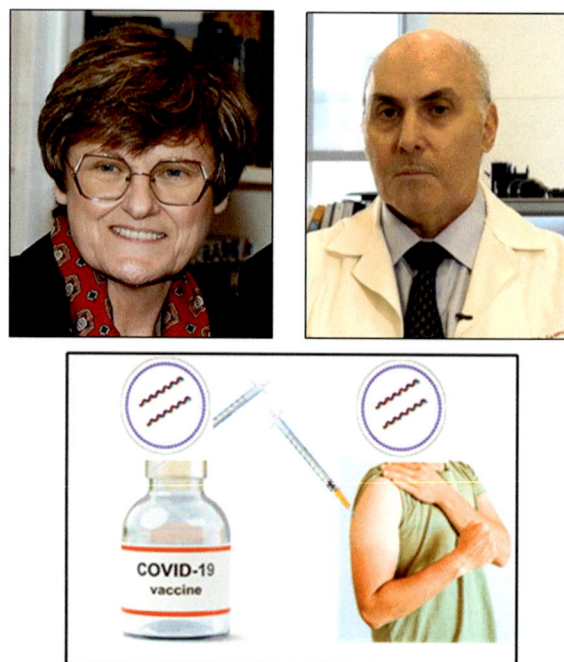

Figura 65. Katalin Karikó, Drew Weissman y la vacuna de RNAm contra el Covid-19.*

de 2023 se han modificado frente a la variante XBB.1.5 (vacunas de tercera generación). Estas vacunas han salvado más de 20 millones de vidas en todo el mundo durante el primer año de la pandemia y han evitado millones de casos de enfermedad muy grave y de hospitalizaciones. Esto tiene varias ventajas. Por un lado, son vacunas más rápidas de producir, algo crucial en medio de una pandemia. Por otro, son más sencillas de modificar si el virus muta, algo que todos los virus hacen y que con el SARS-CoV-2 estamos viendo casi en tiempo real. Esta nueva plataforma vacunal se puede ampliar en un futuro próximo a otros agentes infecciosos, algunos de los cuales ya están en fase de investigación (virus de la inmunodeficiencia humana [VIH], gripe estacional, gripe universal, herpes genital), y la nueva tecnología se está extendiendo, más allá del campo de la infectología, a la terapéutica oncológica y de las enfermedades autoinmunitarias.

---

* Fuentes: Autor US Embassy Sweden: <https://commons.wikimedia.org/wiki/File:Katalin_Karik%C3%B3_at_the_United_States_Embassy_Sweden,_2023_Nobel_Reception_(cropped).jpg>, Autor Thorne Media: <https://commons.wikimedia.org/wiki/File:Drew_Weissman_Life_Science_medalist.jpg>.

Las investigaciones de Katalin Karikó y Drew Weissman han contribuido a salvar millones de vidas humanas, aportaron de una forma sin precedentes al desarrollo de vacunas durante una de las mayores amenazas a la salud humana en los tiempos modernos. Sus descubrimientos fueron fundamentales para desarrollar vacunas de RNAm eficaces contra el covid-19 durante la pandemia y también han cambiado fundamentalmente la compresión de cómo interactúa el RNAm con nuestro sistema inmunológico.

Esta nueva tecnología en la fabricación de vacunas de RNAm, ya está proporcionando grandes servicios a la humanidad y promete un gran futuro en otras enfermedades además de las infecciosas.

AÑO 2024. PREMIO NOBEL DE FISIOLOGÍA Y MEDICINA

El Premio Nobel de Fisiología y Medicina 2024 ha sido otorgado a los científicos estadounidenses Victor Ambros (1953-*) y Gary Ruvkun (1952-*) por su descubrimiento de los microRNAs (miRNAs), pequeñas moléculas que juegan un papel central en la regulación genética.

Los microRNAs son pequeñas moléculas de RNA no codificantes para proteínas, son un RNA monocatenario, de una longitud de entre 21 y 25 nucleótidos, que actúan sobre la expresión genética mediante el silenciamiento o degradación de los ARNm, y están implicados en la regulación de varios procesos biológicos, como la diferenciación celular, la proliferación, la apoptosis y en el desarrollo embrionario y tisular.

Este hallazgo, que ha revolucionado el campo de la biología molecular, comenzó con estudios en el gusano *Caenorhabditis elegans*. En aquel momento, los microRNAs parecían ser una curiosidad circunscrita al gusano *C. elegans*, pero hoy en día se sabe que estas moléculas están presentes en casi todos los organismos vivos y son esenciales para el correcto funcionamiento celular.

La génesis de los miRNAs ha sido bien estudiada y caracterizada por varios autores. En primer lugar, en el interior del núcleo los genes que codifican para miRNAs se transcriben en forma de precursores largos, dando lugar a los llamados miRNAs primarios, cuya longitud varía entre cientos de pares de nucleótidos. Este precursor es cortado por las ribonucleasas Drosha y Pasha/DGCR8 en una o más moléculas de RNA con forma de horquilla, transformándolo en premiRNAs de 60-70 nucleótidos. Los premiRNAs salen del núcleo hacia el citoplasma ayudados por la Exportina-5, donde tendrá lugar el proceso de maduración del miRNA. En el citoplasma, el premiRNA es transportado por el complejo RLC (RISC *loading complex*) formado por la RNAasa Dicer, TRBP (proteína de unión a RNA en respuesta a transacti-

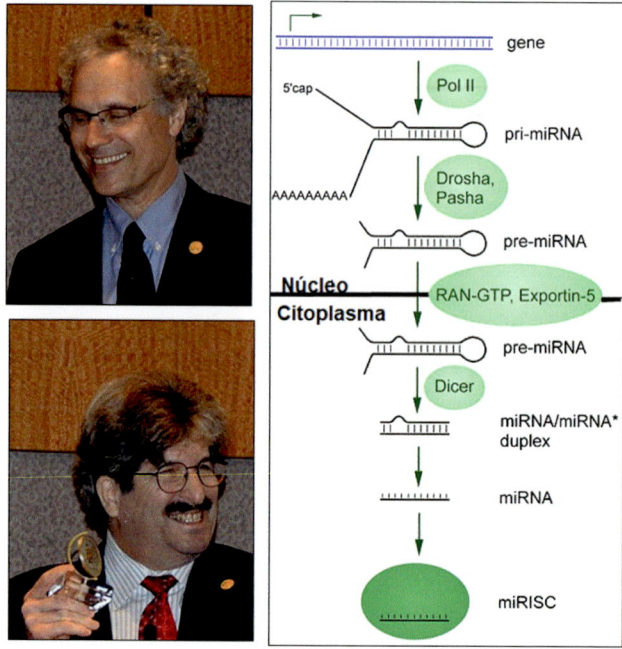

Figura 66. Victor Ambros, Gary Ruvkun y un esquema de la génesis de los microRNAs.*

vación), PRKRA (proteína quinasa activadora dependiente de RNA) y Ago2. Este complejo produce el clivaje del premiRNA generando un dúplex con una cadena madura de miRNA y su complementaria. La cadena madura junto con Ago2 formarán el complejo RISC (complejo silenciador inducido por RNA) y la cadena complementaria será eliminada (Figura 66). RISC se une con una molécula de RNAm (generalmente en la región 3' no traducida) que posee una secuencia complementaria a su componente miRNA y corta el RNAm, lo que lleva a la degradación del RNAm o a modificar su traducción.

Los microRNAs son fundamentales en el control de la expresión genética, regulando procesos biológicos como el crecimiento celular, el desarrollo embrionario y la respuesta a estímulos externos. El descubrimiento de una pequeña molécula con una función tan importante ha transformado la comprensión de la biología molecular y ha abierto nuevas fronteras en la comprensión de enfermedades humanas y el desarrollo de aplicaciones biotecnológicas en el ámbito agropecuario.

---

* Fuentes: Autor Adam Fagen: <https://commons.wikimedia.org/wiki/File:Genetics_laureates. jpg>, Autor Narayanese: <https://commons.wikimedia.org/wiki/File:MiRNA_processing.jpg>.

El impacto de este descubrimiento en la medicina ha sido notable. Se ha demostrado que los microRNAs juegan un papel crucial en enfermedades humanas, como el cáncer, la diabetes y trastornos hereditarios. Estos pequeños reguladores genéticos permiten desarrollar diagnósticos más precisos y tratamientos más efectivos al identificar alteraciones en los patrones de expresión genética que subyacen a muchas de estas patologías. De hecho, se estima que hasta el 60% de los genes humanos están regulados por miRNAs, los miRNAs representan solo un 2-3% del genoma humano. Un solo miRNA puede regular alrededor de 200 transcritos diferentes, pudiendo actuar cada uno en una vía celular distinta, así como un mismo RNAm puede ser regulado por múltiples miRNAs, lo que demuestra su relevancia en casi todos los procesos celulares.

TEORÍA CELULAR ACTUAL 9

Hemos mencionado al inicio la versión original de la Teoría celular, como se concibió en la primera mitad del siglo XIX por Schleiden y Schwann, pero esta teoría celular ha tenido una modificación continua, expandiéndose y enriqueciéndose durante los siglos XIX, XX y XXI, con los incesantes avances de la biofísica, de la bioquímica y la biología molecular. Por lo tanto, al hablar de la teoría celular hay que indicar el contexto histórico en que uno se sitúa.

La edificación de la teoría celular, como se la concibe actualmente, fue obra de un amplio número de investigaciones y culmina con los trabajos de Santiago Ramón y Cajal (1852-1932), quien dejó establecido que la neurona es la unidad histológica y fisiológica del sistema nervioso.

Los postulados en los que descansa la teoría celular, como se la entiende ya en este siglo, se resumen como sigue:

1. *Todos los seres vivos están formados de una o más células*. El reconocimiento de que la célula es la unidad mínima de organización biológica.

2. *La célula es la unidad morfológica y funcional de los seres vivos*. La célula representa la unidad homóloga indivisible en la arquitectura del mundo biológico.

3. *Todas las células son esencialmente de la misma naturaleza*. Las células de los organismos sean unicelulares o multicelulares, poseen esencialmente la misma naturaleza es otra manera de señalar que las principales funciones biológicas se llevan a cabo por mecanismos idénticos o muy semejantes en todo el mundo vivo.

4. *Unidad de vida*. La célula es la unidad mínima de materia viviente. La célula es la unidad de vida más pequeña capaz de tener vida independiente.

5. *Unidad de origen: «omnis cellula e cellula»*. Las células se originan siempre a partir de otras células.

6. *Las células son individuos, aun cuando formen parte de organismos multicelulares.*

7. *La función del organismo como un todo resulta de la suma de las actividades e interacciones de las células que lo constituyen.* Esto es debido a que las células son entidades individuales, existen dos tipos de individualidad en la mayoría de los organismos: el de las células y el del organismo como un todo.

Las críticas actuales a la teoría celular son sorprendentemente escasas y superficiales y la mayoría de los biólogos aceptan, hoy por hoy, modificados o no, la mayoría de los postulados anteriormente mencionados, aunque existe mucha controversia en la definición de vida.

A pesar de que la teoría celular ha sido modificada, la célula sigue siendo considerada la unidad morfológica, funcional y patológica de los organismos vivos.

Con lo anteriormente mencionado sobre la historia de la teoría celular, nos pudimos percatar que el hecho que la célula fue considerada la unidad morfológica, funcional y patológica de los organismos vivos fue comprendida con claridad hacia 1839, cuando los biólogos alemanes Schleiden y Schwann formularon la teoría celular, pero dicha teoría no surgió directamente, sino que fue la culminación de una larga serie de trabajos y de intuiciones preparatorias. Lo cual estaría representado por la observación que propuso hace muchos siglos Aristóteles:

Cada uno añade un poquito a nuestro conocimiento de la naturaleza,
y la grandeza nace del conjunto de todos los hechos reunidos.

CONCLUSIONES

Para finalizar quisiera enfatizar la importancia en el proceso de enseñanza-aprendizaje de cualquier ciencia que es imprescindible conocer su historia, cómo ha transcurrido su evolución y cuáles han sido los grandes hombres de ciencia que han contribuido a su desarrollo. La historia nos ayuda a definir conceptos fundamentales, mostrar a los estudiantes las dificultades en la construcción del conocimiento y cultivar su curiosidad.

En este libro se analiza la importancia de la historia del descubrimiento y avances en el estudio de la célula recalcando que es fundamental investigar el pasado para comprender el presente y dominar el futuro gracias a las lecciones aprendidas. Con este libro nos damos cuenta del esfuerzo de innumerables científicos que han trabajado en el transcurso de los años para que progrese la ciencia. Hay que tener en cuenta que estos descubrimientos del pasado ayudan a generaciones posteriores de científicos para inspirarlos y consagrarse a la ciencia y contribuir con nuevas investigaciones que ayuden a entender mejor los procesos celulares.

Para terminar, me gustaría recalcar que el conocimiento de la Biología Celular y Molecular lo podemos adquirir a través de la historia, por eso es muy importante el estudio de la historia en la enseñanza. Por último, mencionaré una frase del pedagogo Paulo Freire que dice: No hay enseñanza sin investigación ni investigación sin enseñanza. Así como la frase de Marie Curie eminente científica polaca que fue la primera mujer en ganar el Premio Nobel y la primera persona en ganar el Nobel dos veces de física y química, su frase dice: Deseo fervientemente que alguno de ustedes continúe este trabajo científico y mantenga en su ambición la determinación de hacer una contribución permanente a la ciencia.

BIBLIOGRAFÍA

PRECURSORES A LA TEORÍA CELULAR

Agnes A. (1942). *Nehemiah Grew (1641-1712) and Marcello Malpighi (1628-1694): An Essay in Comparison*. Isis. 34(1).

Albarracín, A. (1983). *La Teoría Celular. Historia de un paradigma*. Alianza Editorial. Madrid.

Anton van Leeuwenhoek (1 octubre 2022) https://es.wikipedia.org/wiki/Anton_van_Leeuwenhoek.

Arber, A. (2010). *Nehemiah Grew 1641-1712*. In F. Oliver (Ed) Makers of British Botany: A Collection of Biographies by Living Botanist (Cambridge Library Collections)- Botany and Horticulture, pp. 44-64.

Barcat JA. (2003). *Robert Hooke (1635-1703)*. Medicina (B. Aires). Vol. 63. N.º 6. http://www.scielo.org.ar/scielo.php?script=sci_arttext&pid=S0025-76802003000600014 6.

Boutibonnes, P. (1999). *L'œil de Leeuwenhoek et l'invention de la microscopie*. Alliage. 39: 58-66.

Brian Garret. (2011). *The Life and Work of Nehemiah Grew*. https://publicdomainreview.org/essay/the-life-and-work-of-nehemiah-grew.

Brown, R. (1828): *On particles contained in the pollen of plants; and on the general existence of active molecules in organic and inorganic bodies*. / https://sciweb.nybg.org/science2/pdfs/dws/Brownian.pdf

Brown, R. (1833). *Observations on the organs and mode of fecundation in Orchidae and Asclepiadeae*. Trans. Of the Linn. Soc. Of London, 16: 685-742.

Brown, R. (1866). *The miscellaneous botanical works of Robert Brown*: Volume 1. (Edited by John J. Bennett). R. Hardwicke.

Chapmam, A. (1966). *England's Leonardo Robert Hooke (1635-1703) and the art of the experiment in restoration England*. Proc R Inst GB 67, 239-275

Da Silva, F. (2006). *Historia de la teoría celular*. https://formacioncontinuaedomex.files.wordpress.com/2012/12/s3p2.pdf

Dobell C. (1932). *Antony van Leeuwenhoek and his Little animal.* New York: Harcourt, Brace and Company.

Doscher, A., 2005. *Marcello Malphighi:* http:/ /www.scienzagiovane.unibo.it/ english/scientists/ malpighi-1.html.

El perfeccionamiento en el estudio de las células (Robert Brown y el núcleo). (14 enero 2020). http://www.curtisbiologia.com/p1831#:~:text=.

Encyclopaedia Britannica (2009). *Marcello Malphighi.* http:/ /www.britannica.com/EBchecked/topic/360486/ Marcello

Fernández T., y Tamaro E. (2004). *Biografía de Robert Hooke:* https://www.biografiasyvidas.com/biografia/h/hooke.htm.

Finlay, B. J. y Esteban, G. F. (2001). *Exploring Leeuwenhoek's legacy: the abundance and diversity of protozoa.* International Microbiology, 4: 125-133.

Ford, B. J. (1992). *From Dilettante to Diligent Experimenter: A Reappraisal of Leeuwenhoek as microscopist and investigator.* Biology History, 5 (3): 3-21.

González, U. (2014). *Línea de tiempo sobre la teoría celular.* https://prezi.com/98lw55tnf4fm/linea-del-tiempo-sobre-la-teoria-celular.

Grew Nehemiah. (1682). *The Anatomy of Plants with an Idea of Philosophical history of Plants. And Several Other Lectures, Read Before the Royal Society.* Editorial W. Rawlins.

Harris, Henry. (1999). *The Birth of the Cell.* Yale University Press, New Haven. http://docentes.educacion.navarra.es/ralvare2/Teoriacelular2BAC.pdf.

Hunter M. (1982*). Early problems in professionalizing scientific research: Nehemiah Grew (1641-1712) and the Royal Society, with an unpublished letter to Henry OldenburgNotes.* Rec. R. Soc. Lond. 36(2): 189-209.

Karamanou M, Poulakou-Rebelakou E, Tzetis M, Androutsos G. (2010). *Anton van Leeuwenhoek (1632-1723): Father of micromorphology and discoverer of spermatozoa.* Rev argent microbiol. 42 (4): 311-314.

Lifeder. (15 de diciembre de 2022*). Robert Brown: biografía, aportes y descubrimientos, obras.* https://www.lifeder.com/robert-brown/.

Mabberley, D. J. (1985). *Jupiter Botanicus: Robert Brown of the British Museum.* Lubrecht & Cramer Ltd, London.

Mazzarello P. (1999). *A unifying concept: the history of cell theory.* Nature Cell Biology 1: 13-15.

Motta, P. (1998). *Marcello Malphighi and the foundations of Functional Microanatomy.* Anat. Rec., 253(1): 10-2.

Muñoz Martínez Julio. (1987). *Teorías y hechos sobre la vida. Las Células.* Editorial Alhambra Mexicana.

Nezelof Ch. (2003*). Henri Dutrochet (1776-1847): an unheralded discoverer of the cell.* Annals of Diagnostic Pathology. 7(4): 264-72.

Osorio Abarzúa C. G. (2020). *Leeuwenhoek y sus animálculos.* Rev. chil. infectol. vol. 37, n.º 6 : 3-21.

Parker, V. (1965). *Antony van Leeuwenhoek*. Bulletin of the Medical Library Association, 53 (3): 442-447.

Pickstone J. V. (1976). *Vital Actions and Organic Physics: Henri Dutrochet and French Physiology During the 1820s*. Bulletin of the History of Medicine, 50(2), 191-212.

Robertson L. A. (2015). *Van Leeuwenhoek microscopes – where are they now?*. FEMS Microbiology Letters. 362(9), fnv056.

Romero Reveron, R. (2011). *Marcello Malpighi (1628-1694), Fundador de la Microanatomía*. Int. J. Morphol. vol. 29, n.º 2, pp. 399-402.

Strasburger E. (2011). *Homenaje a Marcello Malpighi*. Bol Soc Argent Bot. 46 (3-4): 375-380.

Zuylen J. (1981). *The microscopes of Antoni van Leeuwenhoek*. Journal of Microscopy. 121(3), 309-328.

FUNDADORES DE LA TEORÍA CELULAR

Becker WM., Kleinsmith LJ., Hardin J., Raasch J. (2003). *The world of the cell*. 6th. San Francisco: Benjamin Cummings.

Laín Entralgo, P. (1963), *Historia de la Medicina moderna y contemporánea*, 2.ª ed., Barcelona, Ed. Científico-médica.

Oppenheimer, J. (1963). *Lives and letters of theodor schwann a review*. [Review of Lettres de Théodore Schwann, by M. Florkin]. Bulletin of the History of Medicine, 37(1), 78–83.

Pollard TD., Earnshaw WC., Lippincott-Schwartz J. (2007). *Cell biology*. 2th edition. Saunders Elsevier Inc.

Scientist of the day. (2016). *Theodor Schawnn*. https://www.lindahall.org/about/news/scientist-of-the-day/theodor-schwann.

Scientist of the day. (2021). *Matthias Jacob Schleiden*. Linda Hall library. https://www.lindahall.org/about/news/scientist-of-the-day/matthias-schleiden.

Theodor Schawnn (6 noviembre 2021):https://es.wikipedia.org/wiki/Theodor_Schwann.

Wissemann V. (2004). *Matthias Jacob Schleiden (1804-1881)*. Endocytobiosis Cell Res. 15 (2), 423-429.

COMPONENTES FUNDAMENTALES DE LA CÉLULA

Bagatolli LA., Ipsen JH., Simonsen AC., Mouritsen OG. (2010). *An outlook on organization of lipids in membranes: Searching for a realistic connection with the organization of biological membranes*. Prog Lipid Res. 49: 378–389.

Beltrán E. (1941). *Felix Dujardin y su «Histoire Naturelle Des Zoophytes. Infusoires», 1841*. Rev. Soc. Mex. Hist. Nat., Vol. II. Nos. 2 y 3: 221-232.

Britannica, T. Editors of Encyclopaedia (2023, April 4*). Hugo von Mohl*. Encyclopedia Britannica. https://www.britannica.com/biography/Hugo-von-Mohl.

Caver I., Guillon J-M., Holzgrefe H. (2017). *Reminiscing about Jan Evangelista Purkinje: A pioneer of modern experimental physiology*. AJP Advances in Physiology Education 41(4): 528-538.

Danielli JF., Harvey EN. (1934). *The tension at the surface of mackerel egg oil, with remarks on the nature of the cell surface*. J Cell Comp Physiol. 5: 483-494.

Deamer DW., Kleinzeller A., Fambrough DM. (Eds). (1999). *Membrane Permeability. 100 Years since Ernest Overton*. San Diego-London, Academic Press.

Dujardin, F., (1835). *"Sur les prétendus stomacs des animaux Infusoires et sur une substance appelée Sarcode"*, Ann. Sci. Nal., 4: 364.

Edidin M. (2014). *Lipids on the frontier: a century of cell-membrane bilayers*. Nat Rev Mol Cell Biol. 9: 32.

Engelman DM. (2005). *Membranes are more mosaic than fluid*. Nature. 438: 578-80.

Freund H. (1972). *In memoriam Hugo von Mohl, promoter of microscopy and reformer of the natural science curriculum in university education*. Microsc Acta. 71(4). 250-253.

Fricke H. (1923). *The electric capacity of cell suspensions*. Phys Rev Series II. 21: 708-709.

Gorter E., Grendel F. (1925). *On bimolecular layers of lipoids on the chromocytes of the blood*. J Exp Med. 41: 439-443.

Jacobs ME. (1962). *Early osmotic history of the plasma membrane*. Circulation. 26: 1013-1021.

Kleinzelle A. (1999). *Charles Ernest Overton's Concept of a Cell Membrane*. En: Deamer, D W., Kleinzeller A., Fambrough DM. (Eds). Current Topics of Membranes, vol. 48, pp. 1-22.

Lifeder. (12 de junio de 2023). *Félix Dujardin*. https://www.lifeder.com/felix-dujardin/

Ligwood D., Simons K. (2010). *Lipid rafts as a membrane-organizing principle*. Science. 327: 46-50.

Meza U., Romero-Méndez A C., Licón Y., Sánchez-Armáss. (2010). *La membrana plasmática: Modelos, Balsas y Señalización*. REB 29(4): 125-134.

Nicolson GL. (2014). *The Fluid—Mosaic Model of Membrane Structure: Still relevant to understanding the structure, function and dynamics of biolo-*

gical membranes after more than 40years. Biochim Biophys Acta Biomembr. 1838(6), 1451-1466.

Robertson JD. (1959). *The ultraestructure of cell membranes and its derivatives*. Biochem Soc Symp. 16: 3-43.

Rothman JE., Lenard J. (1977). *Membrane asymmetry*. Science. 195: 743-753.

Scheleiden, M. J. (1838). *Beitrage zur phytogenesis*. Arch. Anat. Physiol. Wiss. Med. 5: 137-176.

Singer SJ., Nicolson GL. (1972). *The fluid mosaic model of the structure of cell membranes*. Science. 175: 720-731.

Wayne, R. (2014). *Plant Cell Biology: From Astronomy to Zoology*. Academic Press. 1st Edition.

Wang H., Hao X., Shan Y., Jiang J., Cai M, Shang X. (2010). *Preparation of cell membranes for high resolution imaging by AFM*. Microscopy. 110: 305-312.

Zhao W., Tian Y., Cai M., Wang F., Wu J., Gao J., Liu S., Jiang J., Jiang S., Wang H. (2014). *Studying the nucleated mammalian cell membrane by single molecule approaches*. PLOSone. 9 (5): e9159.

VIRCHOW Y LA TEORÍA CELULAR DE LA ENFERMEDAD

Hass LF. (1966). *Rudolph Ludwig Carl Virchow (1821-1902)*. J Neurol Neurosurg Psychiatry. 61(6): 578.

Laín Entralgo, P. (1983). *Historia de la Medicina*, Barcelona, Salvat.

Van den Tweel JG, Taylor CR. (2010). *A brief history of pathology*. Virchows Arch. 457: 3-10.

Ventura HO. (2000). *Rudolph Virchow and cellular pathology*. Clin Cardiol. 23(11). 550-552.

Von Bertalanffy L. (1954). *Rudolph Virchow, 1821-1902*. Can Med Assoc J. (5): 581.

DE LAS CIENCIAS NATURALES A LA CITOLOGÍA

Abbott S, Fairbanks DJ. (2016). *Experiments on Plant Hybrids by Gregor Mendel*. Genetics. 204: 407-422.

Baltzer, F (1964.). «*Theodor Boveri*». Science 144: 809-15.

Barral M. (2020). *Carl Zeiss y Ernst Abbe: de ver las células a contemplar las estrellas*: https://www.heraldo.es/noticias/sociedad/2020/12/07/carl-zeiss-y-ernst-abbe-de-ver-las-celulas-a-contemplar-las-estrellas-1408865.html.

Britannica, T. Editors of Encyclopaedia (2023, January 19*). Ernst Abbe*. Encyclopedia Britannica. https://www.britannica.com/biography/Ernst-Abbe.

Corcos, A. F. y Monaghan, F. V. (1993). *Gregor Mendel's Experiments on Plant Hybrids: A Guided Study.* Rutgers University Press, New Brunswick, New Jersey. EEUU.

Cremer Thomas, Cremer Christoph. (2005). *Rise, fall and resurrection of chromosome: A histological perspective.* Part I. The rice of chromosome territories. Eur J Histochem. 50(3): 161-76.

DeFelipe J. (2002). *Sesquicentenary of the birthday of Santiago Ramón y Cajal, the father of modern neuroscience.* Trends Neurosci; 25: 481-484.

Di Trocchio, F. (1991). *Mendel experiments. A reinterpretation.* J Hist Biol. 24: 485-519.

Dröscher, A (1998). *The history of the Golgi apparatus in neurones from its discovery in 1898 to electron microscopy.* Brain Res. Bull. 47 (3): 199-203.

Flemming W. (1965). *Contributions to the knowledge of the cell and its vital processes.* J Cell Biol. 25(1): 3-69.

Gómez, E. M., & Albaladejo, C. M. (2022). *Abbe's Theory and its Introduction in Spain: The Use of Instruments for Scientific Demonstrations.* HoST – Journal of History of Science and Technology. Walter de Gruyter GmbH. Vol. 16, n.º 2, pp. 113-135: http://doi.org/10.2478/host-2022-0018

González Morán M. G. (2006). *Santiago Ramón y Cajal a cien años del premio Nobel.* CIENCIAS. 84: 68-75.

Grant G. (1999). *Gustaf Retzius and Camillo Golgi.* J Hist Neurosci: 8(2): 151-163.

Hardy P. A., Zacharias H. (2020). *Walther Flemming on histology in medicine 1878: A newly discovered letter to his father.* Ann Anat. Vol. 191(2). 171-185

Kleinzeller, A. (1999). *Charles Ernest Overton's Concept of a Cell Membrane.* En: Deamer, D. W; Kleinzeller, A.; Fambrough, D. M. (Eds). Current Topics of Membranes, vol. 48, pp. 1-22.

Kubbinga H. (2002). *Ernst Abbe's research program (1878-1886).* How did he succeed in creating the «apochromatic» objectives?. Wiley Analytical Science. https://analyticalscience.wiley.com/do/10.1002/was.0004000199/

Maderspacher, Florian (2008). *Theodor Boveri and the natural experiment.* Curr Biol. 18 (7): R279-R286.

Mazzarello P. (1999). *Camillo Golgi's scientific biography.* J Hist Neurosci; 8: 121-31.

Oscar Hertwig (1849-1922). Nature 163, 596 (1949). https://doi.org/10.1038/163596a0

Paweletz, N. (2001). *Walter Flemming, Pioneer of Mitosis Research.* Na Rev Mol Cell Biol. 2, 72-75.

Reinoso Suarez F. (2005). *La trayectoria científica de Santiago Ramón y Cajal.* Limbo. N.º 20. Pag. 1-29.

Satzinger H. (2008). *Theodor and Marcella Boveri: chromosomes and cytoplasm in heredity and development.* Nat. Rev. Genet. 9 (3): 231-238.

Shepard GM. (1999). *The legacy of Camillo Golgi for modern concepts of brain organization.* J Hist Neurosci; 8: 209-14.

Wimmer, W. (2017). *Carl Zeiss, Ernst Abbe and advances in the light microscope.* Micros Today. 25(4). 50-57.

DE LA BIOLOGÍA CELULAR A LA BIOLOGÍA CELULAR Y MOLECULAR

Acevedo-Díaz J. A., García-Carmona A. (2016). *Rosalind Franklin y la estructura molecular del ADN: un caso de historia de la ciencia para aprender sobre la naturaleza de la ciencia.* Revista Científica. 25(2), 162-175.

Alexander G. Beam. (1994). *Perspectives Anecdotal, Historical and Critical Commentaries on Genetics.* Edited by James F. Crow and William F. Dove.

Archibald. *Edward Garrod, the Reluctant Geneticist.* Genetics. 137(1): 1-4.

Allen, G. (1978). *Thomas Hunt Morgan.* Princeton University Press, Princeton, N. J. pp. 1-447.

Álvarez A. (2015). *Rosalind Franklin y el descubrimiento de la estructura del ADN.* Rev Med Clin Condes. Vol. 26(4): 544-549.

Avery O. T., MacLeod C. M., McCarty M. (1944). *Studies on the chemical nature of the substance inducing transformation of pneumococcal types: induction of transformation by a desoxyribonucleic acid fraction isolated from pneumococcus type III.* J. Exp. Med., 79(2), 137-158.

Avery O. T., Heidelberger M. (1923). *Immunological relationships of cell constituents of pneumococcus.* J Exp Med. 38, 81-85.

Baltzer, F. (1964). *Theodor Boveri.* Science. 144 (3620): 809-815.

Bartlett Zane, (1996). *Sheep Cloned by Nuclear Transfer from a Cultured Cell Line» (1996), by Keith Campbell, Jim McWhir, William Ritchie, and Ian Wilmut».* Embryo Project Encyclopedia (2014-09-19). ISSN: 1940-5030. https://hdl.handle.net/10776/8203

Beadle G. W. (1945). *Genetics and metabolism in Neurospora.* Physiological Reviews. 25: 643-663.

Beadle G. W., Tatum E. L. (1941). *Genetic control of biochemical reactions in Neurospora.* Proc Natl Acad Sci U S A. 27(11): 499-506.

Beadle, G. W. and Tatum, E. L. (1945). *Neurospora. II. Methods of producing and detecting mutations concerned with nutritional requirements.* Am J Bot. 32, 679-680.

Bearn, A. G., Miller, E. D. (1979). *Archibald Garrod and the development of the concept of inborn errors of metabolism.* Bull Hist Med. 53: 315-328.

Blobel G, Dobberstein B. (1975). *Transfer of proteins across membranes. I. Presence of proteolytically processed and unprocessed nascent immuno-globulin light chains on membrane-bound ribosomes of murine myeloma.* J. Cell. Biol. 67: 835-851.

Blobel G., Dobberstein B. (1975). *Transfer of proteins across membranes. II. Reconstitution of functional rough microsomes from heterologous components.* J. Cell Biol. 67: 852-862.

Blobel G., Sabatini D. D. (1971). *Ribosome-membrane interaction in eukaryotic cells. In* Biomembranes. Manson L. A., editor. Springer, Boston, MA: 193-195.

Bowers W. E. (1988). *Christian de Duve and the discovery of lysosomes and peroxisomes.* Trends Cell Biol. Vol. 8(3): 330-333.

Braun G., Tierney D., Schmitzer H. (2011). *How Rosalind Franklin discovered the helical structure of DNA: Experiment in diffraction.* Phys Teach. 49: 140-143.

Brenner S. (1974). *The genetics of Caenorhabditis elegans.* Genetics. 77: 71-94.

Brown MS., Goldstein JL. (1974). *Familial hypercholesterolemia: Defective binding of lipoproteins to cultured fibroblasts associated with impaired regulation of 3-hydroxy-3-methylglutaryl coenzyme A reductase activity.* Proc Natl Acad Sci USA 71(3): 788-792.

Brown MS., Goldstein JL. (1976). *Analysis of a mutant strain of human fibroblasts with a defect in the internalization of receptor bound low density lipoprotein.* Cell. 9(4 Pt 2): 663-674.

Brown, M. S. Anderson R. G. W., Goldstein J. L. (1983). *Recycling receptors: The round-trip itinerary of migrant membrane proteins.* Cell. 32: 663-667.

Buzzi Alfredo. (2010). *Alexis Carrel: ese desconocido.* Revista de la Asociación Médica Argentina, Vol. 123(1): 3-6.

Campbell, K H., McWhir, J., Ritchie W A., Wilmut, I. (1996). *Sheep cloned by nuclear transfer from a cultured cell line.* Nature. 380(6569): 64-66.

Carrada-Bravo T. (2016). *Investigación de la transformación de Streptococcus pneumoniae en el laboratorio, y el nacimiento de la genética bacteriana y la biología molecular.* Rev. chil. infectol. vol.33(1).

Carrel A, Burrows M. (1910). *Cultivation of adult tissues and organs outside of the body.* J Am Med Assoc. 55: 1379-1381.

Carrel A. (1923). *A method for the physiological study of tissues in vitro.* J Exp Med.; 38: 407-18.

Carrel, A. (1912). *The preservation of tissues and its applications in surgery.* Journal of the American Medical Association 59: 523-527.

Cascales Angosto M. (2003). *Premio Nobel De Fisiología y Medicina. 2002. Apoptosis.* Anales de la Real Academia de Doctores de España. Volumen 7, pp. 97-120.

Checa Rojas A. (2017). *ADN: Conceptos básicos y aplicaciones*. Conogasi. org Sitio web: https://conogasi.org/articulos/adn-conceptos-basicos-y-aplicaciones/.

Cortés V., et al., (2012). *The contribution of Goldstein and Brown to the study of cholesterol metabolism*. Rev Med chile; 140: 1053-1059.

de Duve, C. (2010). *The joy of discovery*. Nature 467, S5: https://doi.org/10.1038/467S5a.

de Duve, C., et al. (1955). *Tissue fractionation studies. 6. Intracellular distribution patterns of enzymes in rat-liver tissue*. Biochem J. 60(4): 604-617.

de Duve, C.; Baudhuin, P. (1966). *Peroxisomes (Microbodies and Related Particles)*. Physiol Rev. 46(2): 323-357.

Earnshaw W. C., Martins L. M., Kaufmann S. H. (1999). *Mammalian caspases: structure, activation, substrates and function during apoptosis*. Ann. Rev. Biochem. 68: 383-424.

Elkin, L. O. (2003). *Rosalind Franklin and the double helix*. Physics Today. 56(3): 42-48.

Ellis HM., Horvitz HR. (1986). *Genetic control of programmed cell death in the nematode C. elegans*. Cell 44: 817-829.

Evans R., Rosenthal EY., Youngblom J., Distel D., Hunt T. (1983). *Cyclin: a protein specified by maternal mRNA in sea urchin eggs that is destroyed at each cleavage division*. Cell; 33: 389-96.

Fredriksson, R., Schioth, H. B., (2005). *The repertoire of G-protein-coupled receptors in fully sequenced genome*. Mol. Pharmacol., 67, 1414-1425.

Fresquet Febrer José L. (2009). *Edward Lawrie Tatum (1909 - 1975)*. Historia de la Medicina. org. Instituto de Historia de la Medicina y de la Ciencia (Universidad de Valencia - CSIC). https://www.historiadelamedicina.org/pdfs/tatum.pdf.

Freundlich, M. M. (1963). *Origen of the electron microscope*. Science.18: 185-188.

Gadjusek D C., Gibbs C J., Alpers M. (1966). *Experimental transmission of a kuru-like syndrome to chimpanzees*. Nature; 209: 704-709.

García-Sáinz J. Adolfo. (2013). *El Premio Nobel de Química 2012: Lefkowitz y Kobilka*. Educ. quím vol.24, n.° 1, pp. 79-81.

Garrod A. E. (1902). *The incidence of alkaptonuria: A study in chemical individuality.* Lancet, 2, 1616-1620.

Gasset M., Westaway D. (2000). *Prions and their biology*. Rev Neurol; 31: 129-132.

Gilman A. G. (2012). *Silver spoons and other personal reflections*. Annu. Rev. Pharmacol. Toxicol. 52: 1-19.

Goldstein J., Newbury E., Echlin P., Fiori C. (1992). *Scanning Electron Microscopy and Xray*. Microanalisys. Plenum Press, New York.

Goldstein, Anderson R. G. W., Brown M. S. (1979). *Coated pits, coated vesicles, and receptor-mediated endocytosis*. Nature. 279: 679-685.

Goldstein, J. L., Brown M. S. (1973). *Familial hypercholesterolemia: Identification of a defect in the regulation of 3-hydroxy-3-methylglutaryl coenzyme A reductase activity associated with overproduction of cholesterol.* Proc. Natl. Acad. Sci. USA 70: 2804-2808.

Gómez Luis A. (2001). *El Premio Nobel en Fisiología o Medicina, año 2001: avanza el conocimiento del cáncer.* Biomédica, vol. 21, Instituto Nacional de Salud, Bogotá, Colombia; núm. 4, pp. 303- 306.

González-Morán M. G. (2005). *Comunicación celular. Trasducción de señales acopladas a proteínas G. heterotriméricas.* Educ Quím. Vol. 16, pp. 208-2016.

González-Morán M. G. (2012). *¿Por qué envejecemos? ¿Cómo ves?.* N.º 164: pp. 30-33.

González-Morán M. G. 2008. *Técnicas de laboratorio en biología celular y molecular.* AGT Editor, S. A. México. Pp. 383.

Guevara Pardo G., (2004). *ADN: historia de un éxito científico.* Revista Colombiana de Filosofía de la Ciencia, vol. 3, núm. 11, pp. 9-40.

Gundlach Heinz. (2003). *Frits Zernike and phase contrast microscopy: Celebrating 50 years of live cell analysis.* Microsc Anal. 63, 9-11.

Harrison RG. (1907). *Observations on the living developing nerve fiber.* Proc Soc Exp Biol; 4: 140.

Harrison RG. (1910). *The outgrowth of the nerve fiber as a mode of protoplasmic movement.* J Exp Zool. 9(4): 787-846.

Harrison RG. (1913). *The life of tissues outside the organism from the embryological standpoint.* Trans Congr Am Phys Surg. 9: 63-75.

Hartweil L., Weinert T. (1989). *Checkpoints: controls that ensure the order of cell cycle events.* Science; 246: 629-34.

Hartwell LH., Culotii J., Pringle JR., Reid EJ. (1974). *Genetic control of the cell division cycle in yeast.* Science; 183: 46-51.

Hershey, A. D., Chase, M. (1952). *Independent functions of viral protein and nucleic acid in growth of bacteriophage.* J Gen Physiol. 36: 39-56.

Hess E. L. (1970). *Origins of Molecular Biology: Roots of the molecular approach to biology penetrate the past more deeply than many appreciate.* Science. 168(3932): 664-669.

Kenneth J., Kemphues. (2016). *Horvitz and Sulston on Caenorhabditis elegans Cell Lineage Mutants.* Genetics.; 203(4): 1485-1487.

Kersten Hall. (2011). *William Astbury and the biological significance of nucleic acids, 1938-1951.* Stud Hist Philos Biol Biomed Sci. 42(2): 119-128.

Hongbao Ma, Young M, Yucui Z, Yan Y, Huaijie z. (2016). *Introduction of PCR and RT-PCR.* Report and Opinion; 8(7): 88-110

Kristensson K., Winblad B. (1997). *Nobel Prize to Stanley Prusiner for the discovery of prions*. Ugeskr Laeger; 159: 7645-7649.

Larry J. Millet., Martha U. Gillette. (2012). *Over a century of neuron culture: From the Hanging drop to Microfluidic devices*. Yale J Biol Med. 85 (4), pp.501-521.

Lederberg, J., (1979), *Introduction to the paper by Avery, MacLeod y McCarty*. J. Exp. Med., 149: 299-301.

Lefkowitz R. J. (2007). *Seven transmembrane receptors- A brief personal retrospective*. Biochim Biophys Acta. Biomembr.1768: 748-755.

Lefkowitz, R. (2016). *Alfred Goodman Gilman (1941-2015)*. Nature. 529, 284.

Lefkowitz, R. J. (2004). *Historical review: A brief history and personal retrospective of seven-transmembrane receptors*. Trends Pharmacol. Sci., 25, 413-42.

Liberski PP., Brown P. (2004). *Kuru: a half-opened window onto the landscape of neurodegenerative diseases*. Folia Neuropathol; 42 Suppl A: 3-14.

Matlin, K. (2011). *Spatial expression of the genome: the signal hypothesis at forty*. Nat Rev Mol Cell Biol 12, 333-340.

McKusick, V. A. (1960). *Walter S. Sutton and the physical basis of Mendelism*. Bull Hist Med. 34: 487-497.

Minshull J., Blow JJ., Hunt T. (1989). *Translation of cyclin mRNA is necessary for extracts of activated Xenopus eggs to enter mitosis*. Cell; 56: 947-56.

Morgan, L. V. (1922). *Non-criss-cross inheritance in Drosophila melanogaster*. Biol. Bull., 42: 267-274.

Morgan, T. H., A. H. Sturtevant, H. J. Muller, and C. B. Bridges. (1915). *The Mechanism of Mendelian heredity*. Henry Holt and Co., New York. 258 pp.

Nicholas J. S. (1960). *Ross Granville Harrison 1870-1959*. Yale J Biol Med Vol.32(6). 407-412.

Nicholas J. S. (1960). *Ross Granville Harrison, Experimental Embryologist*. Science. Vol 131(3397), pp. 337-339.

Nurse P, Masui Y, Hariwell L. (1998). *Understanding the cell cycle*. Nat Med. 4: 1103-1106.

Polo JM. (2000). *The history and classification of human prion diseases*. Rev Neurol; 31: 137-41.

Prashant Nair. (2013). *Brown and Goldstein: The Cholesterol Chronicles*. PNAS. 110 (37): 14829-14832.

Prusiner S B. (1982). *Novel proteinaceous infectious particles cause scrapie*. Science; 216 (4542): 136-44.

Prusiner S P. (1987). *Prions and neurovegetative diseases*. N Engl J Med; 317: 1571-1581.

Rodbell, M. (1995): *Signal transduction: evolution of an idea*. Environ Health Perspect. 103(4): 338-345.

Rosenbaum D. M., Rasmussen S. G., Kobilka B. K. (2009). *The structure and function of G-protein-coupled receptors*. Nature. 459: 356-363.

Ruska E. (1980). *The early development of electron lenses and electron microscopy*. Microsc Acta Suppl. (Suppl 5): 1-140.

Ruska E. (1987). *The development to the Electron Microscope and of Electron Microscopy*. Rev. Mod.Phys. 59, 627-638, 1987.

Strasser A., O'Connor L., Dixit VM. (2000). *Apoptosis signalling*. Ann Rev Biochem. 69: 217-245.

Sturtevant, A. H. (1965). *A History of Genetics*. Harper and Rowe, New York. pp. 1-165.

Sutton, W. S. (1902). *On the morphology of the chromosome group in Brachystola magna*. Biol Bull. 4: 24-39.

Sutton, W. S., 1903 *The chromosomes in heredity*. Biol. Bull 4: 231-251.

Thieffry D. Sakar S. (1998). *Forty years under the central dogma*. Trends. Biochem. Sci: 23(8): 312-316.

Vaux DL., Korsmeyer SJ. (1999). *Cell death in development*. Cell 96: 245-254.

Vázquez-Ramos J. (2002). *El ciclo celular y el premio Nobel de Medicina 2001*, Educ Quím, 13(1): 8-11.

Walter P., Gilmore R., Blobel, G. (1984). *Protein Translocation across the Endoplasmic Reticulum*. Cell, 38(1), 5-8.

Walter Ledermann D. (2020). *La fantástica historia de la increíble prion*. Rev. chil. infectol. Vol.37, n.° 2, pp. 163-169.

Watson J. D. (1978). *La doble hélice*. Plaza & Janés Eds. Barcelona. 256 pp. 95.

Watson, J. D. y Crick, F. H. C. (1953a). *A Structure for Deoxyribose Nucleic Acid*. Nature, 171, 737-738.

Watson, J. D. y Crick, F. H. C. (1953b). *Genetical implications of the structure of deoxyribonucleic acid*. Nature, 171, 964-967.

Wilkins M. H. F.; Stokes A. R., Wilson H. R. (1953). *Molecular Structure of Deoxypentose Nucleic Acids*. Nature, 171, 738-740.

Wilmut, I., Schnieke, A., McWhir, J. et al. (1997). *Viable offspring derived from fetal and adult mammalian cells*. Nature. 385, 810-813.

Woolfson, M. M. & Zimon, J. M. (1972). *The Scanning electron microscope*. Cambridge Monographis on Physics. Cambridge University Press. 1-194.

Van Valen D, Wu D, Chen YJ, Tuson H, Wiggins P, Phillips R. (2012). *A single-molecule Hershey-Chase experiment*. Curr Biol. 22(14): 1339-43.

Yoxen E. (1978). *The history of Molecular Biology*. Br J Hist Sci. 11(3): 273-279.

BIOLOGÍA CELULAR Y MOLECULAR EN EL SIGLO XXI

Alpha Fold: https://es.wikipedia.org/wiki/AlphaFold.

Cañedo Andalia R., Arencibia-Jorge R. (2004). *Bioinformática: en busca de los secretos moleculares de la vida*. Acimed: 12 (6).

Greely H. (1992). *The Code of Codes: Scientific and Social Issues in the Human Genome Project*. Cambridge, Massachusetts: Harvard University Press. pp. 264-65.

Manjarrez Alejandra. (2023). *Plegando proteínas*. ¿Cómo ves? Mayo: pp. 9-14.

Proyecto Genoma Humano: https://es.wikipedia.org/wiki/Proyecto_Genoma_Humano.

Perez L., Solorzano L., Arencibia J R., Conill González C., Achón Veloz G., Araujo Ruíz JA. (2003). *Impacto de la bioinformática en las ciencias biomédicas*. ACIMED: 11(4).

Venter JC., et al. (2001). *The sequence of the human genome*. Science. 291 (5507): 1304-51.

PREMIOS NOBEL DEL SIGLO XXI EN LAS ÁREAS DE QUÍMICA, FISIOLOGÍA Y MEDICINA

Agard NJ., Presched JA., Bertozzi CR. (2004). *A Strain-Promoted [3 + 2] Azide−Alkyne Cycloaddition for Covalent Modification of Biomolecules in Living Systems*. J. Am. Chem. Soc. 126(46): 15046-15047.

Agata Y., Kawasaki A., Nishimura H., Ishida Y., Tsubata T., Yagita H., Honjo T. (1996). *Expression of the PD-1 antigen on the surface of stimulated mouse T and B lymphocytes*. Int Immunol. 8(5): 765-772.

Agrawal N. (2003). *RNA interference: biology, mechanism, and applications*. Microbiol Mol Biol Rev; 67: 657-85.

Agre P. (1997). *Molecular physiology of water transport: aquaporin nomenclature workshop. Mammalian aquaporins*. Biol Cell. 89: 255-257.

Agre P., King LS., Yasui M. (2002). *Aquaporin water channels-from atomic structure to clinical medicine*. J Physiol. 542: 3-16.

Aguilar Roblero Raúl. (2015). *El sistema de posicionamiento cerebral: Premio Nobel en Fisiología y Medicina 2014*. Rev. Fac. Med. (Méx.). 58(3): 53-58.

Alameh MG., Tombácz I., Bettini E., Lederer K., Sittplangkoon C., Wilmore JR., et al. (2022). *Lipid nanoparticles enhance the efficacy of mRNA and protein subunit vaccines by inducing robust T follicular helper cell and humoral responses*. Immunity. 55(6): 1136-1138.

Allen Pin. (2001). *What's the story H. pylori? (Feature)*. Lancet; 1(9257): 694.

Alter H. J., Houghton M. (2000). *Clinical Medical Research Award. Hepatitis C virus and eliminating post-transfusion hepatitis*. Nat Med. 6: 1082-1086.

Alter Harvey J., et al. (2020). *Reflections on the History of HCV: A Posthumous Examination*. Clin Liver Dis (Hoboken). 15 (Suppl 1): S64-S71.

Alter HJ., Purcell RH., Holland PV., Popper H. (1978). *Transmissible agent in non-A, non-B hepatitis. Lancet*. 1: 459-463.

Amador-Bedolla Carlos. (2018). *El premio Nobel de Química 2017: microscopía crio-electrónica*. Educ. quím. 29(1): 3-8.

Ambros V. (2004). *The functions of animal microRNAs*. Nature,16(431): 350-355.

Andolfo I., Alper SL., Iolascon A. (2022). *Nobel prize in physiology or medicine 2021, receptors for temperature and touch: Implications for hematology*. Am J Hematol. 97(2): 168-170.

Aridor M., Bannykh S. I., Rowe T., Balch W. E. (1995). *Sequential coupling between COPII and COPI vesicle coats in endoplasmic reticulum to Golgi transport*. J. Cell Biol. 131: 875-893.

Arnold FH. (2018). *Directed Evolution: Bringing new chemistry into life*. Angew. Chem. Int. Ed. 57: 4143-4148.

Artandi SE., DePinho RA. (2010). *Telomeres and telomerase in cancer*. Carcinogenesis. 31(1): 9-18.

Ash E. A., Nicholls G. (1972). *Super-resolution Aperture Scanning Microscope*. Nature. 237(5357): 510-512.

Pablo J. Azurmendi P. J., Lüthy I. A. (2022). *Premio Nobel en Fisiología o Medicina 2022*. MEDICINA (Buenos Aires). 82: 978-980.

Bannykh S. I., Balch W. E. (1997*). Membrane dynamics at the endoplasmic reticulum-Golgi interface*. J. Cell Biol. 138: 1-4.

Barnes DE., Lindahl T. (2004). *Repair and Genetic Consequences of Endogenous DNA Base Damage in Mammalian Cells*. Ann Rev Genet. 38(1): 445-476.

Bartel D. P. (2004). *microRNAs: Genomics, biogenesis, mechanism, and function*. Cell, 116: 281-297.

Baumeister W., Walz J., Zühl F., Seemüler E. (1998). *The proteasome: Paradigm of a self-compartmentalizing protease*. Cell. 92: 367-380.

Becu-Villalobos D. (2019). *Crispr/Cas9 en medicina, la saga continúa*. Medicina (B Aires). 79: 522-523.

Benga G. (2003). *Birth of water channel proteins-the aquaporins*. Cell Biol Int. 27(9): 701-709.

Bertozzi CR., Kiessling LL. (2001). *Chemical Glycobiology*. Science. 291 (5512): 2357- 2364.

Betzig E., et al. (2006). *Imaging Intracellular Fluorescent Proteins at Nanometer Resolution*. Science. 313(5793): 1642-1645.

Bharda A. V., Jung H. S. (2022). *Review on the structural understanding of the 10S myosin II in the era of Cryo-electron microscopy*. Appl. Microsc. 52(1): 9.

Blackburn E., Greider C., Yonath A., Ostrom E. (2009). *Nobels: break or breakthrough for women?*. Interview by Jeffrey Mervis and Kate Travis. Science. 326(5953): 656-658.

Blackburn E. H., Greider C. W., Szostak J. W. (2006). *Telomeres and telomerase: the path from maize, Tetrahymena and yeast to human cancer and aging*. Nature Medicine; 12(10): 133-138.

Blackburn EH. (2010). *Telomeres and telomerase: the means to the end (Nobel lecture)*. Angew Chem Int Ed Engl. 49(41): 7405-7421.

Bonifacino J. S, Lippincott-Schwartz J. (2003). *Coat proteins*. Nat. Rev. Mol. Cell Biol. 4: 409-414.

Brown Dennis. (2017). *The Discovery of Water Channels (Aquaporins)*. Ann Nutr Metab. 70 (Suppl. 1): 37-42.

Brown S. A. (2014). *Circadianclock-mediated control of stem cell division and differentiation: beyond night and day*. Development. 141(16): 3105-3111.

Brown S. A., Zumbrunn G., Fleury-Olela F., Preitner N., Schibler U. (2002). *Rhythms of mammalian body temperature can sustain peripheral circadian clocks*. Curr.Biol.12: 1574-1583.

Buck L., Axel R. (1991). *A novel multigene family may encode odorant receptors: A molecular basis for odor recognition*. Cell; 66: 175-87.

Burg R. W., et al. (1979). *Avermectins, new family of potent anthelmintic agents: producing organism and fermentation*. Antimicrob Agents Chemother. 15: 361-367.

Buschmann MD., Carrasco MJ., Alishetty S., Paige M., Alameh MG., Weissman D. (2021). *Nanomaterial Delivery Systems for mRNA Vaccines*. Vaccines (Basel). 19: 9(1): 65.

Cai Y., Yu X., Hu S., Yu J. (2009). *A brief review on the mechanisms of miRNA regulation*. Genomics Proteomics Bioinformatic, 7: 147-54.

Calisto B. M., Fita I. (2009). *Venkatraman Ramakrishnan, Thomas A. Steitz y Ada E. Yonath Premios Nobel de Química 2009: «por sus estudios sobre la estructura y función del Ribosoma»*. An. QuÌm. 105(4): 286–289.

Campbell KHS., McWhir J., Ritchie WA., Wilmut I. (1996). *Sheep cloned by nuclear transfer of a cultured cell line*. Nature. 380: 64-66.

Canals Mauricio (2008). *Historia de la Resonancia Magnética de Fourier A Lauterbur y Mansfield*: En Ciencias, Nadie Sabe Para Quien Trabaja. Revista Chilena de Radiología. Vol. 14, n.º 1; 39-45.

Cao E., Liao M., Cheng Y., Julius D. (2013). *TRPV1 structures in distinct conformations reveal activation mechanisms*. Nature. 504(7478): 113-118.

Capecchi M. R. (1989). *Altering the Genome by Homologous Recombination*. Science. 244(4910): 1288-1292.

Capecchi M. R. (1989). *The new mouse genetics: altering the genome by gene targeting*. Trends Genet: TIG 5 (3): 70-76.

Capecchi M. R. (2001). *Generating Mice with Targeted Mutations*. Nat. Med. 7: 1086-1090.

Carlsson A. (1959). *The occurrence, distribution and physiological role of catecholamines in the nervous system*. Pharmacol. Rev. 11: 490-93.

Carmichael GG. (2002). *Medicine: silencing viruses with RNA*. Nature; 418: 379-380.

Carrillo Maravilla E., Villegas Jiménez A. (2004). *El descubrimiento del VIH en los albores de la epidemia del SIDA*. Rev. invest. clín. 56(2): 130-133.

Castelvecchi Davide., Ledford Heidi. (2022). *Chemists who invented revolutionary «click» reactions win Nobel*. Nature. 610: 242-243.

Catalá Rodesa RM., Palacios-Arreolab MI., Huerta-Lavoriec R. (2023). *Química Clic el sistema premiado con el Premio Nobel de Química 2022. ¿Cómo funciona la Química Clic?*. Educ Quím. 34(1): 245-250.

Caterina M., et al. (1997). *The capsaicin receptor: a heat-activated ion channel in the pain pathway*. Nature. 389: 816-824.

Cho WC. (2012). *MicroRNAs as therapeutic targets and their potential applications in cancer therapy*. Expert Opin Ther Targets, 16: 747-59.

Chung CH, Goldberg AL. (1981). *The product of the lon (capR) gene in Escherichia coli is the ATP-dependent protease, protease La*. Proc Natl Acad Sci U S A.; 78(8): 4931-4935.

Cong Le., et al., (2013). *Multiplex Genome Engineering Using CRISPR/Cas Systems*. Science. 339 (6121): 819-823.

Cong YS., Wright WE., Shay JW. (2002). *Human telomerase and its regulation*. Microbiol Mol Biol Rev. 66: 407-425.

Coste B., et al. (2012). *Piezo1 and Piezo2 are essential components of distinct mechanically activated cation channels*. Science. 330(6000): 55-60.

Coux O., Tanaka K., Goldberg AL. (1996). *Structure and functions of the 20 and 26S proteasomes*. Annu Rev Biochem. 65: 801-847.

Crump A., Morel C. M., Omura S. (2012). *The onchocerciasis chronicle: from the beginning to the end?*. Trends Parasitol. 28: 280-288.

De Duve C. T. (1963). *The lysosome*. Sci Am. 208: 64-72.

De Duve C., Wattiaux R. (1966). *Functions of lysosomes*. Annu Rev Physiol. 28: 435-492.

D-Estefano-Beltran L. (2021). *Las tijeras genéticas: Premio Nobel de Química del 2020*. Acta Herediana. 64(1): 94-100.

Díaz Carrasco I., Guisado Rasco I., Ordoñez Fernández A. (2016). *¿Qué son los micro-RNA? ¿Para qué sirven? ¿Qué potenciales beneficios podrían tener en el contexto asistencial?*. Cardiocore. 51(4): 161-166.

Donoso M. Francisca, et al. (2022). *D. Julius y A. Patapoutian. Premios Nobel de Medicina 2021, descubren nuevos canales iónicos que detectan temperatura y estímulos mecánicos*. RevMed.150: 88-92.

Doudna J. A., Charpentier E. (2014). *The new frontier of genome engineering with CRISPR-Cas9*. Science. 346 (6213): 1077.

Dube R. D., Bertozzi C. R. (2003). *Metabolic oligosaccharide engineering as a tool for glycobiology*. Curr Opin Chem Biol. 7: 616-625.

Dürst M., Gissmann L., Ikenberg H., zur Hausen H. (1983). *A papillomavirus DNA from a cervical carcinoma and its prevalence in cancer biopsy samples from different geographic regions*. PNAS. 80: 3812-3815.

Dykxhoorn DM., Lieberman J. (2006). *Knocking down disease with siRNAs*. Cell; 126: 231-235.

Edwards RG. (1965). *Maturation in vitro of human ovarian oocytes*. Lancet. 2(7419): 926-929.

Edwards RG., Bavister BD., Steptoe PC. (1969). *Early stages of fertilization in vitro of human oocytes matured in vitro*. Nature; 221: 632-635.

Etlinger JD., Goldberg AL. (1977). *Un sistema proteolítico dependiente de ATP soluble responsable de la degradación de proteínas anormales en los reticulocitos*. Proc Natl Acad Sci US A. 74 (1): 54-8.

Ferguson SS. (2001). *Evolving concepts in G protein-coupled receptor endocytosis: the role in receptor desensitization and signaling*. Pharmacol Rev; 53: 1-24.

Fernández-Morán H, Hawkes, P. (2021). *Cryo-Electron Microscopy and Ultramicrotomy: Reminiscences and Reflections*. Adv. Electronics and Electron Physics. 220: 261-316.

Ferro-Novick S., Brose N. (2013). *Traffic control system within cells*. Nature. 504(7478): 98.

Florez Ariza A., Guerra Giraldez D. (2018). *Crío-microscopía electrónica. Resolviendo la estructura molecular de la vida al detalle atómico*. Acta Herediana. 61(1): 59-65.

Freidin E, Mustaca A E. (2001). *Kandel y sus aportes teóricos a la Psicología y a la Psiquiatría*. Medicina (Buenos Aires); 61: 898-902.

Friedberg EC. (2003). *DNA damage and repair*. Nature. 421(6921): 436-440.

Furth J., et al. (1962). *The role of Deoxyribonucleic Acid in Ribonucleic Acid synthesis. I. The purification and properties of Ribonucleic Acid Polymerase*. J. Biol. Chem. 237: 2611-2619.

Fyhn M., Molden S., Witter M. P., Moser E. I., Moser M. B. (2004). *Spatial representation in the entorhinal cortex*. Science. 305: 1258-1264.

Gallo RC., Montagnier L. (2003). *The discovery of HIV as the cause of AIDS.* New Engl J Med; 349: 2283-2285.

Gasiunas G, Barrangou R, Horvath P, Siksnys V. (2012*). Cas9-crRNA ribonucleoprotein complex mediates specific DNA cleavage for adaptive immunity in bacteria.* Proc. Natl. Acad. Sci. U. S. A. 109(39) E2579-E2586.

Gili J. (2000). *Introducción biofísica a la resonancia magnética.* Universidad Autónoma de Barcelona. A1.1-A1.2.

Giner M., Montoya M. J., Vázquez M. A., Miranda C., Miranda, M. J., Pérez-Cano, R. (2016). *¿Qué son los microARNs?: posibles biomarcadores y dianas terapéuticas en la enfermedad osteoporótica.* Revista de Osteoporosis y Metabolismo Mineral, 8(1), 40-44.

Glotzer M., Murray A. W., Kirschner M. W. (1991). *Cyclin is degraded by the ubiquitin pathway.* Nature. 349: 132-138.

Gómora Martínez J C. (2003). *Premio Nobel De Química 2003: Roderick Mackinnon y la Ultraestructura de los Canales Iónicos.* REB 22 (4): 221-223.

Gonzales Gil P. (2012). *Receptores acoplados a proteínas G: Entendiendo cómo responde nuestro organismo a señales diversas.* Revista de Química PUCP, vol. 26, nº 1-2: 16-19.

Green RE et al., (2010). *A draft sequence of the Neandertal genome.* Science. 328: 710-722.

Greider C. W., Blackburn E. H. (1985). *Identification of a specific telomere terminal transferase activity in Tetrahymena extracts.* Cell. 43(2): 405-413.

Greider CW., Blackburn EH. (1996). *Telomeres, telomerase and cancer.* Sci Am. 274: 80-85.

Grunberg-Manago M., Ochoa S. (1955). *Enzymatic synthesis and breakdown of polynucleotides: polynucleotide phosphorilase.* J. Am. Chem. Soc, 77: 3165-3166.

Guerra Giráldez C. (2017). *Yoshinori Ohsumi, las levaduras y la autofagia: El redescubrimiento de un proceso conocido.* Acta Herediana. 59: 42-45.

Guevara Guzmán R. (2005). *El Premio Nobel de Fisiología 2004.* Ciencia. Enero-marzo: 87-89.

Guillén Pinto, D. (2022). *Las neurociencias y el reciente Premio Nobel en Medicina o Fisiología 2021.* Acta Herediana. 65(1): 70-72.

Gurdon JB. (1962). *The developmental capacity of nuclei taken from intestinal epithelium cells of feeding tadpoles.* J Embryol Exp Morphol; 10: 622-40.

Hawkins RE., Russell SJ., Winter G. (1992). *Selection of phage antibodies by binding affinity. Mimicking affinity maturation.* J Mol Biol. 226: 889-896.

Hell S. W., Wichmann J. (1994). *Breaking the diffraction resolution limit by stimulated emission: stimulated-emission-depletion fluorescence microscopy.* Optics Letters. 19(11): 780-782.

Henderson R., Baldwin JM., Ceska TA., Zemlin F., Beck-mann E., Downing KH. (1990). *Model for the structure of bacteriorhodopsin based on high-resolution electron cryo-microscopy*. J. Mol. Biol. 213: 899-929.

Henderson R., Unwin, P. (1975). *Three-dimensional model of purple membrane obtained by electron microscopy*. Nature. 257: 28-32.

Herbert Brittney-Shea. (2011). *The impact of telomeres and telomerase in cellular biology and medicine: it's not the end of the story*. J Cell Mol Med; 15 (1): 1-2.

Hershko A. (1966). *Lessons from the discovery of the ubiquitin system*. Trends Biochem Sci., 21(11): 445-449.

Hershko A. (1996). Lessons from the discovery of the ubiquitin system. Trend. Biochem. Sci., 21(11): 445-449.

Higler D., Masureel M., Kobilka B. K. (2018). *Structure and Dynamics of GPCR Signaling Complexes*. Nat. Struct. Mol. Biol. 25: 4-12.

Hiriart M., Gómora J C. (2004). *El premio Nobel de Química 2003: la relación entre la estructura y el funcionamiento de canales en la membrana de las células*. Ciencia abril-junio: 86-89.

Honjo T., et al. (2000). *Engagement of the PD-1 immunoinhibitory receptor by a novel B7 family member leads to negative regulation of lymphocyte activation*. J. Exp. Med. 192: 1027-1034.

Honjo T., et al. (2005). *PD-1 blockade inhibits hematogenous spread of poorly immunogenic tumor cells by enhanced recruitment of effector T cells*. Int. Immunol. 17: 133-144.

Hsu V., Lee S., Yang JS. (2009). *The evolving understanding of COPI vesicle formation*. Nat Rev Mol Cell Biol. 10: 360-364.

Ishida Y., Agata Y., Shibahara K., Honjo T. (1992). *Induced expression of PD-1, a novel member of the immunoglobulin gene superfamily, upon programmed cell death*. EMBO J. 11(11): 3887-95.

Jaim Etcheverry G. (2021). *El tacto, un sentido enigmático Premio Nobel de Fisiología o Medicina 2021*. MEDICINA (Buenos Aires. 81: 1083-1085.

Jaim Etcheverry G. (2005). *El cerebro que huele*. Premio Nobel de Fisiología o Medicina 2004. Medicina (B. Aires) v. 65 n.º 2: 170-172.

Jaim Etcheverry G. (2020). *La búsqueda del esquivo virus de la hepatitis C Premio Nobel de Fisiología o Medicina 2020*. MEDICINA (Buenos Aires). 80(6): 741-744.

Johnson R S. (2016). *Profile of William Kaelin, Peter Ratcliffe, and Greg Semenza, 2016 Albert Lasker Basic Medical Research Awardees*. PNAS. 113 (49): 13938-13940.

Karikó K., Buckstein M., Ni H., Weissman D. (2005). *Suppression of RNA recognition by Toll-like receptors: the impact of nucleoside modification and the evolutionary origin of RNA*. Immunity. 23(2): 165-75.

Karikó K., Muramatsu H., Welsh FA., Ludwig J., Kato H., Akira S., Weissman D. (2008). *Incorporation of pseudouridine into mRNA yields superior noimmunogenic vector with increased translational capacity and biological stability*. Mol Ther. 16(11): 1833-40.

Karikó K. (2022). *Developing mRNA for Therapy*. Keio J Med. 71(1): 31.

Knepper MA., Nielsen S. (2004). *Peter Agre, 2003 Nobel Prize winner in chemistry*. J Am Soc Nephrol Apr;15(4): 1093-1095.

Krek A., Grün D., Poy MN., Wolf R., Rosenberg L., Epstein EJ., et al. (2005). *Combinatorial microRNA target predictions*. Nat Genet, 37: 495-500

Kolb HC., Finn MG., Sharpless KB. (2001*). Click Chemistry: Diverse chemical function from a few good reactions.* Angew Chem Int Ed Engl. 40 (11): 2004-2021.

Kolykhalov AA., Agapov EV., Blight KJ., Mihalik K., Feinstone SM., Rice CM. (1997). *Transmission of hepatitis C by intrahepatic inoculation with transcribed RNA*. Science. 277(5325): 570-574.

Kornberg Th., Gefter M. L. (1970). *DNA synthesis in cell free extracts of a DNA polymerase defective mutant*. Biochem. Biophys. Res. Comun. 40: 1348-1355.

Kornberg, A. et al. (1956). *Enzymic synthesis of deoxiribonucleic acid*. Biochem. Biosys Acta. 21: 197-198.

Koster AJ, Klumperman J. (2003). *Electron microscopy in cell biology: integrating structure and function*. Nat Rev Mol Cell Biol. Suppl: SS6-10.

Kotsias BA. (2000). *Premio Nobel de Fisiología y Medicina 2000. Mecanismos de Señalización en el SNC*. Medicina (Buenos Aires); 60: 989-94.

Krause J., et al. (2010). *The complete mitochondrial DNA genome of an unknown hominin from southern Siberia*. Nature. 464: 894-897.

Krings M., Stone A., Schmitz RW., Krainitzki H., Stoneking M., Pääbo S. (1997). *Neandertal DNA sequences and the origin of modern humans*. Cell. 90: 19-30.

Kuma A., Mizushima N. (2010). *Physiological role of autophagy as an intracellular recycling system: with an emphasis on nutrient metabolism*. Semin Cell Dev Biol. 21: 683-690.

Kwon Eugened et al., (1997). *Manipulation of Tcell costimulatory and inhibitory signals for immune therapy of prostate cancer*. Proc. Natl. Acad. Sci. USA. 94: 8099-8103.

Lander ES. (2016). *The heroes of crispr*. Cell. 164: 18-28.

Lastres L. (2022). *Premio Nobel de Química 2022*. Educación en la Química, Buenos Aires. 28(2): 170-180.

Latorre R., Díaz-Franulic I. (2022). *Profile of David Julius and Ardem Patapoutian: 2021 Nobel Laureates in Physiology or Medicine*. Proceedings of the National Academy of Sciences 119(1): 1-4.

Lauterbur PC. (1973). *Image formation by induced local interactions-examples employing nuclear magnetic-resonance*. Nature; 242(5394): 190-191.

Ledford H., Callaway E. (2021). *Medicine Nobel goes to scientists who discovered biology of senses*. Nature. 598(7880): 246.

Ledford H., Callaway E. (2020). *Pioneers of CRISPR gene editing win chemistry Nobel*. Nature, 586(7829), 346-347.

Lee CC, Wu CY, Yang HY. (2020). *Discoveries of how cells sense oxygen win the 2019 Nobel Prize in Physiology or medicine*. Biomed J. 43(5): 434-437

Lefkowitz RJ. (2004). *Historical review: a brief history and personal retrospective of seven-transmembrane receptors*. Trends Pharmacol Sci; 25: 413-422.

León R. (2021). *Hepatitis C: Del Descubrimiento a la Curación. A Propósito del Premio Nobel de Medicina y Fisiología 2020*. Revista GEN. 75(1): 25-33.

Leroy E., Boyer R., Auburger G., et al. (1998). *The ubiquitin pathway in Parkinson's disease*. Nature. 395: 451-2.

Mansfield P. (1977). *Multi-planar image formation using NMR spin echoes*. Journal of Physics C: Solid State Phys; 10: L55-L58.

Maxwell P. H., Wiesener M.S., Chang G. W., Clifford S. C., Vaux E. C., Cockman M. E., Wykoff C. C., Pugh C. W., Maher E. R., Ratcliffe P. J. (1999). *The tumour suppressor protein VHL targets hypoxia-inducible factors for oxygen-dependent proteolysis*. Nature. 399: 271-275.

McClintock B. (1941). *The stability of broken ends of chromosomes in Zea Mays*. Genetics. 26: 234-82.

McKemy D. D., Neuhausser W. M., Julius D. (2002). *Identification of a cold receptor reveals a general role for TRP channels in thermosensation*. Nature. 416(6876): 52-58.

Meldal M., Tornøe CW. (2008). *Cu-catalyzed azide-alkyne cycloaddition*. Chem Rev. 108(8): 2952-3015.

Mendoza F., Padrón R. (2018). *La Revolución de la Resolución: la Criomicroscopía Electrónica de partículas aisladas resuelve la estructura atómica de biomoléculas en solución*. Avances en Química.13(1): 7-13.

Meyer M., et al. (2012). *A high-coverage genome sequence from an archaic Denisovan individual*. Science. 338: 222-226.

Montgomery M. K., Xu S., Fire A. (1998). *RNA as a target of doublestranded RNA-mediated genetic interference in Caenorhabditis elegans*. Proc. Natl. Acad. Sci. USA. 95: 15502-15507.

Morrison E., Costanzo R. (1990). *Morphology of the human olfactory epithelium*. J Comp Neurol. 297: 1-13.

Nakatogawa H., Suzuki K., Kamada Y., Ohsumi Y. (2009). *Dynamics and diversity in autophagy mechanisms: lessons from yeast*. Nat Rev Mol Cell Biol.10: 458-467.

Nils Brose (2014). *All Roads Lead to Neuroscience: The 2013 Nobel Prize in Physiology or Medicine*. NEURON. 81(4): 723-727.

Nobel de Medicina para Svante Pääbo por sus hallazgos en evolución humana. (2022): https://www.agenciasinc.es/Noticias/Nobel-de-Medicina-para-Svante-Paeaebo-por-sus-hallazgos-en-evolucion-humana.

Nykanen A., Haley B., Zamore P. D. (2001). *ATP requirements and small interfering RNA structure in the RNA interference pathway*. Cell. 107: 309-321.

O'Keefe J., Dostrovsky J. (1971). *The hippocampus as a spatial map. Preliminary evidence from unit activity in the freely-moving rat*. Brain Res. 34: 171-175.

Pajares J. M., Gisbert J. P. (2006). *Helicobacter pylori: su descubrimiento e importancia en la medicina*. Rev. esp. enferm. dig. vol. 98, n.º 10: 778-785.

Pardi N., Hogan MJ., Porter FW., Weissman D. (2018). *mRNA vaccines - a new era in vaccinology*. Nat Rev Drug Discov. 17(4): 261-279.

Pickar-Oliver A., Gersbach C. A. (2019). *The next generation of CRISPR – Cas technologies and applications*. Nat Rev Mol Cell Biol. 20: 490-507.

Prescher JA., Bertozzi CR. (2005). *Chemistry in living systems*. Nat Chem Biol. 1 (1): 13-21.

Prósper E., et al. (2002). *Utilización de células madre en terapia regenerativa*. Rev Med Univ Navarra. 46: 24-28.

Prufer K, Racimo F, Patterson N, et al. (2014). *The complete genome sequence of a neanderthal from the Altai mountains*. Nature. 505: 43-49.

Pugh C. W., Ratcliffe P. J. (2017*). New horizons in hypoxia signaling pathways*. Exp Cell Res. 356: 116-121.

Puglisi JD. (2009). *Resolving the elegant architecture of the ribosome*. Mol Cell. 36(5): 720-723.

Rabinovich G. A., Geffner J. R. (2011). *Premio Nobel de Medicina en inmunología: Células dendríticas y el renacimiento de la inmunidad innata*. Medicina (Buenos Aires); 71: 573-577.

Reich D., et al. (2010). *Genetic history of an archaic hominin group from Denisova Cave in Siberia*. Nature. 468: 1053-1060.

Rodnina MV., Wintermeyer W. (2010). *The ribosome goes Nobel*. Trends Biochem Sci. 35(1): 1-5.

Rodríguez ME. (2007). *RNA interferente: del descubrimiento a sus aplicaciones*. An. R. Acad. Nac. Farm. Vol. 73 (1), 97-124.

Rodriguez M. E. (2009). *Un Nobel esperado: descubrimiento de los agentes causales del SIDA y cáncer cervical*. An. R. Acad. Nac. Farm. 75 (1): 77-98.0

Rodríguez Sotres R. (2005). *El descubrimiento de la ubiquitina y de su papel en la degradación de proteínas intracelulares.* Educ Quím. 16(1). 56-62.

Roque Sáenz F. (2015). *«Helicobacter Pylori, Today A 30 Year's History».* Rev. Med. Clin. Condes. 26(5): 572-578.

Saab Rincón G. (2019). *El Premio Nobel De Química 2018: Evolución dirigida de enzimas y anticuerpos.* Educ Quím. 30(1): 3-9.

Sánchez de Gómez M. (2018). *El Nobel de Química de 2018 y la evolución dirigida de proteínas.* Rev. Acad. Colomb. Cienc. Ex. Fis. Nat. 42(165): 449-455.

Sánchez-Muniz FJ., Culebras JM., Vicente-Vacas L. (2020). *JONNPR y las investigaciones realizadas en el camino al Premio Nobel 2019. Una visión personal sobre las moléculas y los aspectos moleculares y mecanismos de control subyacentes relacionados con la hipoxia y el cáncer.* JONNPR. 5(3): 246-58.

Sánchez-Seco Higuera P. (2000). *El Nobel de este año para Neurología.* Semergen: 26(11): 524.

Sargolini F., Fyhn M., Hafting T., McNaughton B. L., Witter M. P., Moser M. B., Moser E. I. (2006). *Conjunctive representation of position, direction, and velocity in the entorhinal cortex.* Science. 312: 758-762.

Semenza G. L. (2010). *Defining the role of hypoxia-inducible factor 1 in cancer biology and therapeutics.* Oncogene. 29: 625-634.

Semenza G. L., Nejfelt M. K., Chi S. M., Antonarakis S. E. (1991). *Hypoxia-inducible nuclear factors bind to an enhancer element located 3' to the human erythropoietin gene.* Proc Natl Acad Sci USA. 88: 5680-5684.

Shampay J., Szostak J. W., Blackburn E. H. (1984). *DNA sequences of telomeres maintained in yeast.* Nature. 310, 154-157.

Smith George P. (1985). *Filamentous Fusion Phage: Novel Expression Vectors That Display Cloned Antigens on the Virion Surface.* Science. 228 (4705: 1315-1317.

Sprinzl M., Erdmann VA. (2009). *Protein biosynthesis on ribosomes in molecular resolution: Nobel Prize for chemistry 2009 goes to three chemical biologists.* Chembiochem. 10(18): 2851-2853.

Steinman RM., Cohn ZA. (1973). *Identification of a novel cell type in peripheral lymphoid organs of mice. I. Morphology, quantitation, tissue distribution.* J Exp Med. 137: 1142-1162.

Steinman RM., Witmer M. D. (1976). *Lymphoid dendritic cells are potent stimulators of the primary mixed leukocyte reaction in mice.* Proc Natl Acad Sci USA. 75: 5132-5136.

Steptoe PC., Edwards RG. (1978). *Birth after the reimplantation of a human embryo.* Lancet. 2(8085): 366.

Tafurt Y., Marin MA. (2014). *Principales mecanismos de reparación de daños en la molécula de ADN.* Revista Biosalud; 13(2): 95-110.

Tagle Martín. (2021). *Premio Nobel de Medicina y Fisiología 2020: Descubridores del Virus de la Hepatitis C.* Acta Herediana. 64(1): 79-81.

Takahashi K., Yamanaka S. (2006). *Induction of pluripotent stem cells from mouse embryonic and adult fibroblast cultures by defined factors.* Cell 126: 663-676.

Tamargo Menéndez J. (2004). *Los poros y los canales iónicos regulan la actividad celular.* An. R. Acad. Nac. Farm., 70: 9-31.

Tanaka K., Waxman L., Goldberg AL. (1983). *El ATP tiene dos funciones distintas en la degradación de proteínas en los reticulocitos, una que requiere y otra independiente de ubiquitina.* J Cell Biol. 96: 1580-1585.

Tenorio Alfonso (2001). *Premio Nobel en Fisiología o Medicina Año 2000.* Rev. Fac. Cienc. Salud. Univ. Cauca. Vol 3 (1): 36-40.

Torrades S. (2003). *La investigación con células madre.* OFFARM. Vol. 22(3): 90-94.

Travis J. (2011). *Nobel Prize in physiology or medicine. Immunologyprize overshadowed by untimely death of awardee.* Science. 334(6052): 31.

Tu Y. (2011). *The discovery of artemisinin (qinghaosu) and gifts from Chinese medicine.* Nat Med.17: 1217-1220.

Tzvetanka D., Dinkova Tzvetanka D., Sánchez de Jiménez E. (2010*). El ribosoma: lo que nos ha enseñado su estructura.* Educ Quím. 21(1): 93-95.

Van Laake LW., Lüscher TF., Young. ME. (2018). *The circadian clock in cardiovascular regulation and disease: Lessons from the Nobel Prize in Physiology or Medicine 2017.* Eur Heart J. 39(24): 2326-2329.

Vilalba Díaz M. T. (2021). *Receptores para la temperatura y el tacto: Sensores para sentir e interpretar el mundo que nos rodea. Premio Nobel de Fisiología o Medicina 2021.* An. Real Acad. Farm. 87(4): 447-457.

Volchenkov R., et al. (2011). *The 2011 Nobel Prize in Physiology or Medicine.* Scand J Immunol. 75: 1-4.

Wang G. L., Semenza G. L. (1995). *Purification and characterization of hypoxia-inducible factor 1.* J Biol Chem. 270: 1230-1237.

Warren JR. (2002). *The discovery of Helicobacter pylori in Perth, Western Australia.* In: Marshall B, editor. Helicobacter Pioneers (Firsthand account from the scientists who discovered helicobacters. 1892-1982). Blackwell Science Asia; p. 151-64.

Watson NB., McGregor WG. (2010). *Cellular Responses to DNA Damage.* In: Charlene A. McQueen, editor. Comprehensive Toxicology. Second Edition. Oxford: Elsevier; p. 377-402.

White NJ, Pukrittayakamee S, Hien TT, Faiz MA, Mokuolu OA, Dondorp AM. (2014). Malaria. 383(9918): 723-735.

Wilson III DM., Wong H-K., McNeill DR., Fan J. (2006). *DNA Repair*. In: Geoffrey J. Laurent, Steven D. Shapiro, editors. Encyclopedia of Respiratory Medicine. Oxford: Academic Press; p. 30-37.

Woo SH., Lukacs V., de Nooij JC., Zaytseva D., Criddle CR., Francisco A., et al. (2015). *Piezo2 is the principal mecha-notransduction channel for proprioception*. Nat Neurosci. 18: 1756-1762.

Yamanaka S. (2012). *Induced Pluripotent Stem Cells: Past, Present, and Future*. Cell Stem. Cell. 10(6): 678-684.

Young ME. (2016). *Temporal partitioning of cardiac metabolism by the cardiomyocyte circadian clock*. Exp Physiol. 101: 1035-1039.

Yu M-L., Chuang W-L. (2021). *Path from the discovery to the elimination of hepatitis C virus: Honoring the winners of the Nobel Prize in Physiology or Medicine 2020*. Kaohsiung J Med Sci. 37: 7- 11.

Zehring W. A., Wheeler D. A., Reddy P., Konopka R. J., Kyriacou C. P., Rosbash M., Hall J. C. (1984). *P-element transformation with period locus DNA restores rhythmicity to mutant, arrhythmic Drosophila melanogaster*. Cell. 39: 369-376.

Zhao P. (2011). *The 2009 Nobel Prize in Chemistry: Thomas A. Steitz and the structure of the ribosome*. J Biol Med. 84(2): 125-129. Review.

Zurita M. (2021). *El sistema CRISPR/Cas, crónica de un premio Nobel anunciado*. Educ Quím. 32(3): 3-13.

Zylka Mark J. (2021). *A Nobel Prize for Sensational Research*. N Engl J Med. 385: 2392-2394.